자녀교육
베스트
100

• 하버드·스탠퍼드·시카고대학교 •

세계 최고 석학들이 추천하는

자녀교육 베스트 100

Best 100 Children's Education at Harvard

가토 노리코 지음
윤지나 옮김

서사원

들어가며

4차 산업과 팬데믹으로 어른은 물론 아이 역시 이전과는 다른 많은 변화를 겪고 있습니다. 학교에 갈 때는 이미 정해진 시간표대로 공부하지만, 온라인 수업으로 공부할 때는 아이 스스로 선택할 수 있는 게 더 많아집니다. 이때 자신이 아는 것과 모르는 것이 무엇인지 자각하고, 스스로 문제점을 찾아내어 해결하려면 주체성과 메타인지를 꼭 갖추어야 합니다.

아이가 이러한 비인지 능력을 더 크게 키우고, 내면에서 스스로 하고 싶은 마음이 더 많이 솟아나게 하려면 부모님은 아이가 공부하는 게 더 재미있고 신나도록 옆에서 응원해주셔야 합니다. 그러니 바쁜 나날 속에서도 아이와 대화하는 시간을 더 소중히 하셨으면 좋겠습니다.

이 책이 아이와의 커뮤니케이션을 늘려 아이가 가진 힘을 믿는 디딤돌이 될 수 있기를 바랍니다.

가토 노리코

- 어떻게 하면 '책을 좋아하는 아이'로 키울까?
- 효과적인 '칭찬법'과 '혼내는 법'은 무엇일까?
- 아이는 '몇 시간' 자는 것이 가장 좋을까?
- "공부해!"라고 야단치지 말고 함께 공부하자
- '책 읽어주기'는 매일 정해진 시간에 하자
- 주의를 줄 때는 짧게 '한 마디'만 하자
- '상상놀이'는 아이의 언어 능력을 키워주니 하게 하자
- 평소 '질문'을 많이 하자
- 난자몬자 게임으로 '기억력'을 단련시키자
- 아이가 '게임 하기'를 멈추지 않을 때는 어떻게 해야 할까?
- 아이를 '대등'하게 대하자
- '감사의 병'에 감사를 모으자
- 아이에게 '집안일'을 부탁하자
- '다른 아이'와 비교하지 말자
- '멍 때리는 시간'을 주자
- 집 안 '여기저기'에 책을 놓아두자
- '3줄 일기 쓰기' 습관을 들이자
- 매일 즐겁게 '영어'를 들려주자
- 집에서 '반려동물'을 키울 수 없을 때는 어떻게 해야 할까?
- 1,000원숍의 '메달'을 활용하자
- 집 안 어디에서든 '자유롭게' 공부하게 하자
- 매일 2잔 '우유'를 마시게 하자
- 아이와 요리하면서 '오감을 자극'하자

등 자녀교육 Best of the Best 총망라!

프롤로그

아이에게 '가장 도움이 될 내용'만 엄선했다

나는 지금까지 아들과 딸 두 아이를 키우면서 「프레지던트 Family」(일본의 중학교 수험정보 잡지)와 '리세맘ReseMom(초·중·고 및 대학 입시정보를 비롯한 각종 교육 정보를 제공하는 사이트)' '다이아몬드 온라인(다이아몬드사가 제공하는 글로벌 비즈니스 미디어로 경영, 전략, 경제, 금융, 국제 관련 정보를 비롯해 오프라인 기사도 소개하는 사이트)' 등 수많은 미디어에서 교육 관련 내용을 취재해 기사로 쓰거나 기획 구성에 참여해 왔다.

또한 다양한 분야의 영재들과 그 가족, 학교, 학원, 학원 선생님과 학생들, 그리고 교육 연구의 최전선에 있는 대학교 교수들과의 취재를 통해 알게 된 정보와 현장에 가서 직접 보고 들은 최신의 정보를 전달해 왔다.

이런 나를 포함해 현재 교육에 종사하시는 분들이 공통으로 느끼는 점이 있다. 바로 현대의 부모들은 '너무 많은 자녀 교육 정보의 홍수' 속에 있다는 것이다.

온라인에는 개인의 성공담이나 조언이 넘쳐나고 있고 잡지나 책, 교육 관련 미디어를 봐도 '○○집의 비결' '××엄마의 지혜' 등 눈길을 끄는 제목이 많다.

옛날에는 기껏해야 조부모나 친척, 이웃으로부터 정보를 얻는 것이 고작이었다면 지금은 전국 어디서든, 아니 전 세계 어디서든 정보를 구할 수 있기에 부모들이 정보의 홍수에 빠지는 일은 어찌 보면 당연해 보인다.

■ 변화의 시대에 맞춘 새로운 자녀교육서

작년부터 새로 실시된 초등학교 신新 학습지도 요령(일본 문부과학성이 안내하는 초등교육 및 중등교육의 교과과정 기준)에는 '창의력' '표현력' '주체성' 등과 같은 '비인지 능력(시험으로는 측정할 수 없는 능력)' 요소가 포함되었다.

요즘 아이들이 살아갈 미래에는 '주어진 문제의 정답을 찾는 능력'보다 '스스로 문제를 찾아보고 그 해결책을 친구들과 협력해 알아보는 힘'이 요구되고 있고, 비인지 능력은 그 기반이 되는 힘으로 중요시되고 있다.

이러한 흐름에 따라 학교와 학원에서 이루어지는 배움의 스타일도 다양해지고 있다. 이 책의 내용은 이러한 시대의 흐름에 맞추어 아이들이 '앞으로의 세계에서 필요한 힘'을 키우는 데 중점을 두고 구성했다.

■ 방대한 연구 성과 중 가장 유용한 정보만 뽑았다

"사람마다 타고난 장점을 잃지 않고 아이가 가장 자기답게 어른으로 성장하려면 어떻게 하면 될까?"라는 질문에 지금까지 심리학, 교육학, 정신의학, 뇌과학을 비롯해 다양한 학술 영역에서 전문가의 연구가 진행되어 왔다. 널리 알려진 통설이라도 모든 아이에게 적용되지 않고 새로운 연구에 따라서는 상식이 뒤집히기도 한다.

그렇지만 선조들이 쌓아온 방대한 연구 성과는 부모들이 아이를 키우면서 고민되거나 불안하고 걱정될 때 든든한 지침이 되곤 한다.

하지만 유감스럽게도 세상에 넘쳐나는 교육 정보에는 옥석이 뒤범벅되어 있다. 아이의 눈높이에 맞추어져 있어 도움이 되는 정보도 많지만, 아이들에게 지나친 부담을 주어 오히려 아이의 성장을 방해하는 정보도 많다. 게다가 어른의 편의나 이기주의가 앞서 아이들의 마음은 뒷전인 정보도 적지 않다.

시간에 쫓기는 일상 속에서도 '우리 아이에게 어떤 걸 해주면 좋을까?' 고민하는 부모님이 많은 요즘, 누군가가 한 번 정보를 정리하면 좋겠다는 생각이 들었다.

교육 전문가도 아니고 카리스마 넘치는 엄마도 아니지만 오히려 그렇기에 평범한 부모의 시선에서 알기 쉽게, 현장에서 한 발 떨어져 객관적인 입장에서 유용한 교육 정보를 정리할 수 있을 것이라는 생각에 이 책을 쓰게 되었다.

■ '3가지만 OK' 하면 쉽게 읽는 자녀 교육의 구체적인 방법

이 책에서는 '커뮤니케이션 능력' '자존감' '창의력'과 같은 비인지 능력을 키우는 방법에서 '가정학습' '놀이' '학원 다니기' '독서' '식사' '운동' '수면'에 이르기까지 아이와 관련된 거의 모든 것에 관해 '베스트 100가지 방법'을 엄선했다.

특히 아이의 바른 행동을 자연스럽게 끌어내기 위해 부모와 주변 어른들이 해야 할 행동을 바로 실천할 수 있도록 그 비결을 구체적으로 정리했다. 부디 다음 '3가지 OK'를 따라 어깨의 힘을 빼고 편히 읽어주기 바란다.

① 순서대로 읽지 않아도 OK

앞에서부터 순서대로 읽지 않아도 된다. 6가지 카테고리 중 마음에 드는 부분만 읽어도 좋고 또는 목차를 보면서 흥미 있는 항목만 골라 읽어도 좋다. 어떻게 읽든 상관없다.

② 다 실천하지 못해도 OK

꼭 다 실천하려 할 필요도 없다. '아이가 반항기라 애를 먹고 있는데 아이를 대하는 방법을 바꿔 볼까?' '아이가 불안해 보이는데 이렇게 말을 걸어볼까?'라는 식으로 그때그때 아이에 맞추어 1가지만 실천해보아도 아이가 확 바뀔 수 있다.

③ 바로 효과가 나타나지 않아도 OK

자녀교육에 마법 같은 방법은 없다. 이 책에서 소개하는 방법도 아이의 타고난 성향이나 그때그때 상황에 따라 잘 맞지 않을 수도 있을 것이다. 그렇다고 조바심내지 말고 차근차근 꾸준히 해보거나 다른 쪽의 내용도 참고하여 다른 접근 방법을 시도해 보면 좋을 것이다.

아이에게 변화가 느껴지지 않을 때는 오히려 '아, 그렇게 나온다 이거지? 평범한 방법에는 끄떡도 하지 않는 걸 보니 크게 되겠군!'이라고 생각해보자.

■ 3세~초등학교 6학년이 대상이지만 그 이후도 적용 가능

이 책은 대화가 가능해지는 3살 무렵부터 초등학교 6학년 정도의 아이들을 대상으로 썼다. 그러나 중학생 이상의 자녀에게도 충분히 통할 것이다.

우리 집에도 고등학생이 둘 있는데 이 책을 쓰면서 '좀 일찍 알고 해줬으면 좋았을 것을…'이라고 아쉬워한 적도 있지만, 의외로 '아직 쓸만한 방법'이 있다고 느낀 점 역시 한두 번이 아니다.

'우리 애는 이미 늦었어'라고 생각하지 말고 더 많은 아버지, 어머니, 그리고 아이와 관련된 모든 분이 읽어주시기를 기대한다. 이 책을 통해 자녀교육이 더 즐겁고 재미있으며 행복한 시간이 되기를 바란다.

자 녀 교 육

100

CONTENTS

프롤로그 … 006

— 아이에게 '가장 도움이 될 내용'만 엄선했다

SECTION 01

커뮤니케이션 능력을 키우려면?

어릴 때부터 '말 샤워'를 시키자

01 대화하기 … 024

— 질문과 반론으로 생각하는 힘을 키운다

02 잘 듣는 습관 들이기 … 028

— 학력에도 직결되는 중요한 능력을 키운다

03 아이의 이야기를 듣는 연습하기 … 032

— 부정하지 말고 말을 끌어낸다

04 상상놀이 활용하기 … 036

— 상상놀이를 통해 다양한 능력을 키워준다

05 스킨십하기 … 039

— 뇌와 마음에 좋은 따뜻한 자극을 준다

06 야단치기 … 044

— 야단은 구체적으로 알기 쉽게 한다

07 근거 없는 자신감 키우기 … 049

— 강하게 살아가기 위한 소중한 힘을 키운다

08 **책 읽어주기** … 053

— 집중하지 않더라도 느긋하게 읽어준다

09 **주말 즐겁게 보내기** … 057

— 다양한 만남으로 다양한 가치관을 접한다

10 **평소와 다른 행동 살피기** … 061

— 몸이 보내는 메시지를 놓치면 안 된다

11 **말은 분명히 전달하기** … 065

— 어떻게 말하는 것이 가장 효과적인지 안다

12 **싸움 중재하기** … 069

— 싸움도 배움의 장이 될 수 있다

13 **감정 조절하는 법 가르치기** … 073

— 커뮤니케이션의 핵심이 되는 능력을 키운다

14 **스마트폰 규칙 정하기** … 078

— 중독의 위험성으로부터 내 아이를 지킨다

15 **가족회의 하기** … 083

— 아이와 대화할 기회를 만든다

16 **인사하기** … 087

— 의무가 아니라 좋아하게 만든다

17 **발표력 키우기** … 091

— 말 잘하는 틀을 알려준다

18 **모범을 보인다** … 095

— 부모도 아이와 함께 성장한다

SECTION 02

사고력을 키우려면?

'생각할 기회'를 최대한 늘린다

19 **좋아하는 것 찾기** … 100

— 기회가 없으면 찾을 수 없다

20 **관찰력 키우기** … 104

— 타고난 능력을 키워준다

21 **열린 질문하기** … 107

— 'Why' 'How' 'If'를 잘 활용한다

22 **생각할 계기 만들기** … 110

— 사고를 자극하는 말투로 말한다

23 **실패를 성공의 어머니로 만들기** … 114

— 믿고 스스로 다시 일어서게 한다

24 **깊이 파고드는 의욕 키우기** … 118

— 결과보다 과정에 주목한다

25 **아날로그 게임으로 놀기** … 122

— 열중하는 사이 머리를 쓴다

26 **금전 감각 키우기** … 127

— 자기 관리를 경험하게 한다

27 **그릿 키우기** … 131

— 노력과 열정이 모든 걸 말해준다

28 **남자아이 대하는 법 & 여자아이 대하는 법** … 135

— 각각의 특징을 알고 능력을 키워준다

29 **아이 취급하지 않기** … 138

— 아이를 제대로 존중한다

30 **사고 파고들기** … 141

— 디자인 사고를 체험하게 한다

SECTION 03 **자존감을 키우려면?**

변화에 강한 '꺾이지 않는 마음'을 만든다

31 **양질의 수면 취하기** … 146

— 요즘 아이들은 잠이 부족하다

32 **다양한 시각 키우기** … 150

— 하나의 정답만 고집하지 않는다

33 **자제심 키우기** … 154

— 스스로를 제어하는 기술을 가르친다

34 **탄력성 키우기** … 157

— 강하게 살아갈 수 있는 마음의 근육을 키운다

35 **감사하는 마음 키우기** … 160

— 마음을 풍요롭게 하는 감사의 스킬을 익힌다

36 **무슨 말이든 할 수 있는 환경 만들기** … 164

— 다 털어놓을 수 있게 해준다

37 **집안일 돕게 하기** … 167

— 맡기고, 고맙다고 말한다

38 **학원 보내기 ①** … 171

— 학원, 잘 고르는 요령을 알아둔다

39 **학원 보내기 ②** … 176

— 스케줄은 여유 있게 정한다

40 **학원 보내기 ③** … 180

— 학원비 사용 계획을 세운다

41 **받아주기** … 183

— 무조건 인정해준다

42 **자질 속단하지 않기** … 187

— 속단은 아이의 가능성을 좁힌다

43 **강요하지 않기** … 190

— 적당한 거리감을 유지한다

44 **가족여행 가기** … 193

— 성장에 중요한 비일상적 체험을 한다

45 **작은 기쁨 느끼게 해주기** … 197

— 괴로움을 이겨내는 즐거움의 저축을 만든다

46 **강점에 주목하기** … 201
— 주목하면 아이는 성장한다
47 **동식물 키우기** … 206
— 돌보면서 따뜻한 마음이 자란다

SECTION 04

창의력을 키우려면?

유연한 뇌에 많은 '자극'을 준다

48 **악기 배우기** … 210
— 즐기며 창의력을 키운다
49 **진짜 체험시키기** … 214
— 몸을 움직여 오감을 자극한다
50 **틀에 가두지 않기** … 218
— 간섭은 꾹 참는다
51 **게임 허락하기** … 221
— 게임을 대화의 소재로 활용한다
52 **호기심 키우기** … 225
— 부모도 두근거릴 일을 찾는다
53 **긍정적인 표현으로 이야기하기** … 229
— 부정적인 사고를 바꿔준다

54 아트(Art) 체험하기 … 233

— 다양한 감상을 편하게 나눈다

55 몰입(flow)시키기 … 237

— 몰입을 방해하지 않는다

56 만들기로 시행착오 경험시키기 … 241

— 손을 움직여 답을 찾게 한다

57 풍부한 상상력 키우기 … 244

— 지금은 쓸모없어 보여도 미래에 힘이 된다

58 명상하기 … 248

— 아이와 함께 즐겁게 한다

59 멍 때리기 … 251

— 아이들은 의외로 피곤하다

60 책 속에서 생활하기 … 254

— 독서는 머리를 좋게 하는 만능 습관이다

61 낙서하기 … 258

— 뇌의 비집중 모드에서 창의력이 자란다

SECTION 05

학력을 높이려면?

효과적인 피드백으로 '의욕'을 끌어낸다

62 **아이의 성향 파악하기** … 262

— 성향에 맞추어 학습법을 고른다

63 **연산력 키우기** … 266

— 즐기면서 숫자와 친해지게 한다

64 **함께 계획 세우기** … 270

— 계획 세우기를 통해 실행기능을 키운다

65 **쓰기 ①** … 274

— 쓰는 것을 좋아하게 만든다

66 **쓰기 ②** … 277

— 일기를 쓰게 한다

67 **쓰기 ③** … 280

— 글쓰기의 공식을 알려준다

68 **공부 습관 들이기** … 284

— 무리하지 않고 즐겁게 계속할 방법을 찾는다

69 **프로그래밍 가르치기** … 288

— 시행착오로 뇌를 단련하게 한다

70 **반복 학습하기** … 293

— 변화와 부담을 적절히 준다

71 **어휘 늘리기** … 296

— 이해력을 높여주는 기초체력을 만든다

72 **시간 낭비 줄이기** … 300

— 합리적인 공부법을 통해 여유시간을 만든다

73 **영어 익히기** … 303

— 영어를 놀이도구로 삼는다

74 **아이에게 배우기** … 308

— 다른 사람에게 가르치면 학습 효율이 오른다

75 **시간 간격을 두고 복습하기** … 311

— 암기 과목에 가장 좋은 공부법이다

76 **칭찬하기** … 314

— 무엇을 칭찬하느냐에 따라 크게 달라진다

77 **피드백하기** … 317

— 고칠 점을 긍정적으로 알려준다

78 **우선순위 정하기** … 320

— 할 일 리스트를 작성해 정리한다

79 **책 소리 내서 읽기** … 323

— 틀려도 좋으니 즐겁게 읽는다

80 **상 주기** … 326

— 동기부여를 위한 상을 준다

81 **의욕 불어넣기** … 329

— "내가 할래!"라고 말하는 아이로 키운다

82 **도와주기** … 333

— 간섭하지 않고 도와준다

83 **학교는 함께 정하기** … 336

— 진학률로만 고르지 않는다

84 **아이에게 공간 주기** … 341
— 잠재 능력을 키워주는 환경을 만든다
85 **일찍 자고 일찍 일어나기** … 345
— 뇌를 위해 충분한 수면을 취한다
86 **집중력 키우기** … 348
— 집중 유지 시간은 고작 15분이다

SECTION 06 체력을 키우려면?

'영양과 운동'으로 강한 뇌와 몸을 만든다

87 **균형 잡힌 영양 섭취하기** … 352
— 좋은 식사의 본질은 심플하다
88 **간식 챙기기** … 357
— 당질보다 지질에 신경 쓴다
89 **아침밥 먹이기** … 360
— 심플한 패턴을 만든다
90 **외식 즐기기** … 363
— 아이와 함께 해방감을 느끼는 귀중한 시간이다
91 **편식 없애기** … 366
— 싫어하는 음식이 있는 것은 자연스러운 일이다

92 함께 요리하기 … 370

— 요리는 오감이 자라는 자극적인 체험이다

93 도시락 싸주기 … 373

— 애정은 듬뿍 담고 수고는 줄인다

94 제철 재료 활용하기 … 377

— 자연의 사이클에 맞춘 식사를 한다

95 파는 반찬 활용하기 … 379

— 염분과 기름에 주의하며 현명하게 활용한다

96 면역력 키우기 … 382

— 병에 잘 걸리지 않는 몸을 만든다

97 몸 움직이기 … 385

— 잘 다치지 않는 몸을 만든다

98 운동하기 … 389

— 다양한 운동을 부담 없이 즐기게 한다

99 씹는 힘 키우기 … 392

— 잘 씹으면 몸도 머리도 강해진다

100 눈 보호하기 … 395

— 스마트폰 시대에 맞춘 케어를 한다

에필로그 … 398

SECTION 1

커뮤니케이션 능력을 키우려면?

어릴 때부터 '말 샤워'를 시키자

COMMUNICATION

METHOD 01

대화하기

- 질문과 반론으로 생각하는 힘을 키운다

미국의 싱크탱크think tank(사람의 두뇌를 자본으로 운영되는 기업이나 연구소)인 브루킹스 연구소Brookings Institution와 뉴욕과학아카데미를 비롯해 전 세계 교육기관이 21세기를 살아갈 때 갖추어야 할 가장 중요한 스킬로 꼽는 것이 바로 '대화하는 능력'이다.

앞으로는 대화를 통해 각자의 장점을 살리고 서로의 지혜를 모아 새로운 아이디어를 만들어가야 하는 시대가 될 것이기 때문이다.

구글, 페이스북, 스타벅스 등 글로벌 기업을 설립한 CEO나 기업가 정신이 뛰어난 유대인 대부분은 '토론'을 좋아하는 것으로 유명하다. 그 이유 중 하나는 유대인들의 경전인 『탈무드』에서 찾아볼 수 있다.

『탈무드』에는 지도자에 따라 서로 다른 해석이 많이 담겨 있는데, 유대인들은 이 해석을 두고 끝없는 난상토론을 벌인다. 이러한 대화를 통해 사물을 다각적으로 바라보는 법이나 비판적인 사고력을 키운다고 한다.

「프레지던트 Family」(2017년 가을호)가 도쿄대학The University of Tokyo 학생 173명을 대상으로 시행한 설문조사에서는 90%가 가정에서

'식사' '등하굣길' '목욕' 시간 등을 활용해 부모와 충분한 대화를 나누었다고 응답했다. 가정 내 대화는 아이의 학업에도 영향을 발휘하고 있는 셈이다.

'대화력'은 어떻게 키울까?

■ 하루 10분, 아이의 이야기를 듣자

매일 아이가 부모에게 안심하고 이야기할 수 있는 시간을 의식해서 만든다. 바쁜 일상 속에서는 "○○해라"는 식의 명령조가 되기 쉬운데, 이는 부모의 일방통행이다.

아이의 사소한 이야기에도 "그래?" "그렇다고?" 맞장구치면서 관심을 보이면 아이는 부모와 더 많이 대화하고 싶어 한다.

■ 스마트폰 전원은 끄자

요즘은 식사 중에도 각자 스마트폰을 보느라 식탁에 마주 앉아 있어도 대화를 하지 않는 경우가 많다. 이때 대화를 위해 스마트폰의 전원을 과감하게 끄면 자연스레 대화하게 된다.

■ 5번 질문하자

미국 밴더빌트대학Vanderbilt University 피바디 교육대학Peabody College of Education and Human Development에서 재직했던 데이비드 디킨슨David Dickinson 교수는 아이와 대화할 때는 아이의 답변에 "그렇구나" 하고 대화를 끝내지 말고 여러 번 되물으며 질문과 대답을 5번 이상 주고받을 것을 추천한다.

이때 중요한 점은 아이에게 말을 많이 시키는 것이다. 그러기 위해서는 "Yes" "No"로 답하는 질문 말고 "왜?" "뭐?" "어떤 걸까?" "어떻게?" "만약에?"라는 식으로 물으면 아이가 할 이야기가 많아진다.

"오늘 학교에서 재미있었던 일은 뭐야?" "오늘 비가 많이 왔는데 친구들은 어떤 차림으로 학교에 왔니?"라는 식으로 질문하면 아이 역시 구체적으로 말하기 쉽다.

질문으로 아이의 이야기를 끌어낸다

■ "잘했어!"라는 말을 잊지 말자

부모가 아이의 말에 공감하면 아이는 자신이 어떤 말을 해도 부모에게는 괜찮을 것이라고 인식하고 안심한다. 그러니 아이의 의견에는 "잘했어!"라고 말해주자.

■ 일부러 반론도 제기해보자

하지만 "잘했어!"를 지나치게 난발한다면 아이는 부모의 잔소리나 듣고 싶지 않은 말에는 귀를 기울이지 않게 된다. 그래서 "잘했어!"라고 공감을 표시하면서도 때로는 일부러 반대 의견을 던져 보는 것도 좋다.

단 절대 아이의 의견을 비난해서는 안 된다. 아이와 다른 의견을 전달함으로써 대화의 깊이를 더해가는 것이 포인트다.

METHOD
02

잘 듣는 습관 들이기

- 학력에도 직결되는 중요한 능력을 키운다

요즘은 SNS를 통한 온라인 소통이 늘면서 눈앞에 있는 상대의 이야기를 차분히 들을 기회가 줄었다. 그러나 '듣는 것'은 타인의 이야기에 집중하고 제대로 이해하기 위한 중요한 스킬이다. 아이에게 잘 듣는 습관을 교육하면 다음과 같은 다양한 능력이 높아진다.

- **배움**: '듣는다 → 이해한다 → 즐겁다 → 더 알고 싶다 → 더 잘 듣는다'라는 배움의 선순환이 생겨난다.
- **표현력&어휘력**: 어릴 때는 음성에 예민하게 반응하지만 이는 성장하면서 둔해진다. 어릴 때부터 잘 듣는 습관을 들이면 새로운 표현이나 단어를 들을 때마다 자연스럽게 습득할 수 있다.
- **집중력**: 차분히 상대의 이야기를 듣다 보면 집중력도 함께 길러진다.
- **참을성**: 상대의 말을 끊거나 무시하지 않고 끝까지 귀를 기울이게 되어 참을성도 생긴다.
- **공감 능력**: 아이는 '자신의 마음을 알아주었으면' 하는 마음

이 더 강해 상대를 이해하는 능력이 아직 부족하다. 말을 듣는 습관이 생기면 상대의 마음도 헤아릴 수 있게 된다.

'잘 듣는 습관'은 어떻게 길러줄까?

■ 아이의 얼굴을 보면서 이야기를 듣자

아이가 말을 걸어오면 등을 돌린 채 듣지 말고 뒤돌아 아이의 얼굴을 보면서 이야기를 들어야 한다.

22개 국어로 번역 출간된 베스트셀러 『아이들은 생활 속에서 배운다』(오리진하우스 | 2011.5.26.)의 저자 도로시 로 놀테Dorothy Law Nolte 박사는 "아이는 부모를 보며 자라는데, 특히 매일 생활 속에서 보는 부모의 모습이야말로 아이들에게 가장 큰 영향력을 미친다"라고 말했다.

즉 아이는 어른이 자신의 이야기를 들어주는 모습을 보고 다른 사람의 이야기에 귀 기울이는 모습이 어떤 것이고, 어떤 의미가 있는지를 배운다.

■ 책을 읽어주자

즐겁게 책을 읽는 시간은 아이의 듣는 습관이 자라는 소중한 시간이다. 처음에는 그림이 많고 글은 적은 그림책으로 시작하면 좋다. 아이가 성장하면 그에 맞추어 그림은 적고 글이 많은 긴 이야기책을 고르도록 한다.

■ 말 전달하기를 게임을 하듯 해보자

아이에게 마치 게임을 하듯 "지금부터 엄마가 하는 말 아빠에게 전해줘"라고 부탁하면 아이는 신이 나서 하게 된다. 정확히 전달했을 때는 잊지 말고 꼭 "대단해!"라고 칭찬한다.

■ 마음의 도구를 사용하자

아동의 학습심리를 전문으로 연구하는 심리학자 엘레나 보드로바Elena Bodrova와 데보라 리옹Deborah J. Leong은 잘 듣는 습관이 길러지지 않은 아이들을 위해 '마음의 도구Tools of the mind(한국에서는 2010년 이화여자대학교출판부에서 『정신의 도구』라는 책으로 출간)'라는 프로그램을 개발했다. 이 프로그램은 시각을 통해 아이의 행동을 유도한다.

예를 들어 그림책을 읽을 때 '읽을 차례'인 아이는 자기 앞에 '입' 그림을 두어 자신이 말할 차례임을 주위에 알린다. 나머지 아이들에게는 '귀' 그림을 들어 자신은 지금 말할 차례가 아니라 들을 차례임을 자각하도록 유도하는 것이다.

이 프로그램은 학교나 어린이집 등 집단의 장에서 아이들에게 '잘 듣는 습관'을 들이도록 교육할 때 아이들이 따르기 쉽다. 남의 말을 듣는 집중력뿐 아니라 자제력과 학력 향상에도 도움이 된다. 가정에서도 아이에게 책을 읽어주거나 대화를 나눌 때 응용하면 좋다.

그림을 이용해 듣는 연습을 한다

METHOD 03

아이의 이야기를 듣는 연습하기

- 부정하지 말고 말을 끌어낸다

아이들은 어른들에게 좋아해서 자신만 알고 부모는 알 수 없는 이야기나 종잡을 수 없는 이야기를 하는 걸 좋아한다. 오늘은 누구랑 놀았고 무엇을 먹었고 좋아하는 책은 무엇이고 무슨 내용으로 공상했는지 등 아이들이 하는 이야기는 그것이 무엇이든 무조건 들어주면 아이들은 안심감, 안정감, 자신감 그리고 어른에게 인정받았다는 기쁨을 느낀다.

아이의 이야기를 들어주면 아이들은 '이야기를 하는 게 즐겁다' '이야기를 하면 마음이 가벼워진다'라고 느껴 더 많은 이야기를 하고 싶어 한다. 그러한 과정에서 풍부한 표현력과 어휘력도 함께 길러진다.

뇌 기능 개발 전문가이자 도호쿠대학Tohoku University 가와시마 류타川島 隆太 교수가 센다이仙台 시에 사는 초 · 중 · 고등학교 학생 7만 명을 대상으로 2010년부터 7년에 걸쳐 추적 조사를 시행한 결과, "가족들이 항상 내 이야기를 잘 들어주었다"라고 답한 아이는 더 높은 학력 향상을 이룬 경향을 보였다.

이렇듯 아이의 이야기를 잘 들어주는 일은 아이의 학력에도 영향을 미칠 수 있는 것으로 보인다.

'아이의 이야기'는 어떻게 들으면 좋을까?

임상심리학의 대가이자 미국 시카고대학The University of Chicago, 위스콘신대학University of Wisconsin 등에서 교수를 역임한 칼 로저스Carl Ransom Rogers 박사는 적극적 경청Active Listening을 제안했다.

로저스 박사는 직접 카운슬링한 수많은 사례를 통해 마음을 담아 들을 때 중요한 3가지 요소로 ①공감적 이해 ②무조건적인 긍정적 존중 ③일치성을 들었다.

표현이 전문적이라 직접적으로 와닿지 않을 수도 있는데, 조금 더 알기 쉽게 정리하면 다음과 같다.

① 공감한다

아이와 대화할 때는 아이의 입장에 공감하며 들어준다. 예를 들어 아이가 "피곤해"라고 말하면 "피곤하구나" 하며 아이의 말을 한 번 더 반복해주는 것도 좋고 "그래? 그렇구나"라며 맞장구를 쳐주거나 호응을 해주면서 듣는다.

② 부정하지 않는다

이야기의 주체는 아이라는 점을 잊지 말고 입장이 역전되지 않도록 항상 주의한다. 따라서 "○○하는 게 좋아"라든가 "××해라"라는 식으로 어른의 의견을 강요하지 말고 질문도 가능한 한 짧게 하며 화제를 바꾸지 않도록 한다.

예를 들어 아이의 이야기가 잘못되었다 하더라도 "그런데…" "하지만…" 하며 부정하지 말고 우선 긍정적으로 이야기를 듣는다. 아이가 잘못된 방법으로 무엇인가를 했을 때도 역시 우선은 부정하지 말고 공감한 후 의견이나 조언을 하면 아이는 순순히 받아들이기 쉽다.

③ 이야기의 내용을 잘 확인한다

아이의 이야기를 들을 때 잘 이해되지 않는 부분을 그대로 흘려들으면 아이는 어른이 자신의 이야기를 진지하게 듣고 있지 않다고 느낀다. 그러니 이해가 되지 않을 때는 대화 중에도 질문해서 자세한 내용을 확인한다.

■ 아이의 말을 들을 여유를 갖자

스트레스나 과로 등으로 마음의 여유가 없거나 피곤할 때는 아이가 말을 걸어도 건성으로 듣기 쉽다. 아이의 이야기를 충분히 들어주기 위해서는 어른들도 몸과 마음의 여유가 필요하다.

예를 들어 일이 바빠 피곤할 때는 반찬을 사다 먹거나 배달 음식을 주문해 먹는 등 가능한 한 여유시간을 만드는 것도 방법이 될 수 있다.

듣기 위해서는 부모의 여유도 중요하다

METHOD 04

상상놀이 활용하기

- 상상놀이를 통해 다양한 능력을 키워준다

발달심리학의 권위자 레프 비고츠키Lev Simkhovich Vygodskiy 박사는 상상놀이를 '인지''정서''사회성 발달'을 촉진하는 수준 높은 놀이라고 말한다. 상상놀이를 하는 아이들은 캐릭터나 영웅 등의 역할을 통해 집중력과 기억력, 자신의 능력에 관한 자신감을 키울 수 있다.

■ 언어 능력이 높아진다

상상놀이는 아이들끼리 이야기를 만들어내야 하기에 계획성과 창의력도 키울 수 있다. 다양한 생각을 주고받으며 자기들끼리 역할 분담을 하는 과정에서 커뮤니케이션이 활발해져 협조성과 자제심도 생겨난다.

언어학자 데이비드 디킨슨 교수의 말에 따르면 상상놀이를 더 많이 한 아이들이 성장할수록 언어 능력도 더 높아진 것으로 나타났다고 한다.

'상상놀이'를 즐겁게 하는 방법은 무엇일까?

■ 소도구와 공간을 준비하자

소꿉놀이나 의사놀이, 상점놀이 등에 필요한 소도구와 공간을 미리 준비해두면 아이들이 상상놀이의 세계로 빠져들기 쉽다. 연령이 올라가면서 빈 상자나 천, 끈 등 주변에서 쉽게 구할 수 있는 재료를 이용해 스스로 소도구를 만들기 시작하면 창의력은 더 커진다.

■ 어른도 함께 하자

어른이 놀이를 함께 즐기면 아이들도 신나 한다. 어른이 먼저 적극적으로 역할을 맡아 먹는 시늉을 한 다음 "이번에는 ○○가 먹어"라며 흉내 내게 하는 등 처음에는 도움을 주는 것도 좋다.

의사놀이를 할 때는 환자 역할을, 상점놀이를 할 때는 손님 역할을 하는 등 어른이 조연을 맡으면 아이들이 상상놀이를 리드하면서 스스로 이야기를 만들어가기 쉽다.

■ 아이들의 상상력을 방해하지 말자

아이들의 세계관은 어른들이 상상하는 것과는 다른 경우도 있다. 억지로 바로 잡으려 하지 말고 아이들의 세계관에 맞추어준다. 부모가 집안일 등 사정이 있어 중간에 잠깐 빠져야 할 때는 "밥해야 하니까 여기까지만 하자"라고 하지 말고 "잠깐 나갔다 올 때까지 (인형) 친구랑 사이좋게 요리하고 있어"라는 식으로 말해 아이들의 상상을 깨지 않으면 아이는 계속 집중해서 즐겁게 놀 수 있다.

중간에 빠질 때도 아이의 상상을 방해하지 않도록 한다

■ 평소 아이와 함께 일상을 관찰하자

상상놀이를 할 때 일상 속에서 접하는 다양한 상황과 체험을 그대로 활용해도 좋다. 병원에 가면 "청진기는 어떻게 쓰는 거지?" 하고 주의 깊게 보거나 슈퍼에서는 계산대의 모습을 관찰하는 등 아이와 함께 일상생활 속에서 주의 깊게 관찰하면서 대화를 통해 아이의 호기심을 자극하면 관찰력도 자라난다.

METHOD 05

스킨십하기

- 뇌와 마음에 좋은 따뜻한 자극을 준다

스킨십은 아이들의 스트레스를 줄여주고 정서를 안정시켜 정신적인 자립을 돕는 성장의 자양분이 된다. 스킨십을 하면 애정 호르몬이라고도 불리는 '옥시토신'이라는 뇌 분비 호르몬이 분비된다.

어릴 때 옥시토신이 잘 분비되는 뇌로 만들면 어른이 되어서도 타인에 대한 신뢰와 안심감이 유지되어 주위 사람들과 따뜻한 인간관계를 맺을 수 있게 된다고 한다. 그뿐 아니라 기억력이 좋아지고 학습 효과도 높아지며 스트레스에도 강해지는 것으로 알려져 있다.

■ 피부에 주는 자극은 뇌에도 좋은 영향을 준다는 것을 기억하자

2018년 온라인 쇼핑몰 베르메종Belle masion의 조사에 따르면 스킨십을 충분히 하는 가정은 그렇지 않은 가정과 비교했을 때 아이가 '가족의 정'을 약 3배나 깊게 느끼는 것으로 나타났다.

안타까운 것은 12세 이하의 아이가 있는 보호자들의 약 절반이 아이가 초등학교에 입학할 무렵부터 스킨십이 줄었다고 느낀다는 점이다. 신체심리학자이자 오비린대학J. F. Oberlin University 야마구

치 하지메山口創 교수는 어릴 때 스킨십을 충분히 해두면 그 효과는 평생 간다고 말한다.

피부는 '제2의 뇌'라고도 하는데, 따뜻하고 부드러운 자극이 피부에서 뇌로 바로 전달되어 심신의 발달에 좋은 영향을 주는 것이다.

'스킨십'은 어떻게 하면 좋을까?

■ 아이의 스킨십은 거부하지 말자

아이들은 부모와의 스킨십이 많을수록 가정을 '안전한 곳'으로 느낀다. 반대로 스킨십을 거부당하면 아이는 불안을 느끼니 아이의 스킨십은 거부하지 말고 받아준다.

■ 손을 잡자

손에는 치유의 힘이 있다. '약손'이라는 말은 옛사람들이 병든 곳이나 다친 환부에 손을 갖다 대 낫게 한 데서 유래했다고 한다. 손을 잡고 걷거나 악수를 할 때 느껴지는 손의 온기는 사람을 안심시킨다.

■ 머리를 쓰다듬자

"잘 됐다" "애 썼어"라고 말할 때 머리를 쓰다듬으면 아이는 애정을 느껴 기뻐한다. 사춘기가 가까워지면 아이와 부모 사이의 스킨십은 줄어들지만 머리 쓰다듬기는 그런 시기에도 가볍게 하기 좋은 스킨십이다.

■ 어깨와 등을 두드려 주자

갓난아기의 등을 톡톡 두드리면 태내에 있을 때 들은 엄마의 심장소리가 떠올라 안정감을 느낀다고 한다.

아이들은 잘 때 등을 톡톡 가볍게 두드려주거나 "잘 다녀와!" "잘 다녀왔니?"라고 말할 때 어깨나 등을 다정하게 톡톡 건드리기만 해도 안심한다고 한다.

야마구치 교수는 "이런 스킨십은 말로 전하는 메시지보다 몇 배의 감정이 전달된다"고 말한다.

■ 하이파이브를 하자

"잘 했어!"라고 말할 때 아이와 마주보고 서서 눈을 맞추고 하이파이브를 하면 말 이상의 기쁨과 감동을 공유할 수 있다.

■ 간지럽히자

심하게 간지럽히는 것은 금물이지만 아이가 좋아하고 즐길 수 있을 정도로 간지럽히기를 하면 스킨십을 통해 긴장을 푸는 효과가 있다. 그리고 웃는 동안 정보를 전달하는 신경회로인 '시냅스'를 증가시켜 뇌기능이 향상된다.

■ 안아주자

인지신경학자이자 무사시노가쿠인대학Musashino Gakuin University 사와구치 도시유키澤口 俊之 교수에 의하면 아이를 자주 안아주는 가정은 부모와 아이의 관계가 좋고 부모 아이 모두 잠을 잘 자는 등 심신 모두 건강하다고 한다.

그리고 어릴 때 부모가 많이 안아준 아이가 자라서 부모가 되면 그 중 93.7%는 자신의 아이도 많이 안아주는 등 부모의 육아 스타일을 그대로 따르는 경향이 있다고 말한다.

■ 스킨십은 저녁 이후가 효과적임을 기억하자

신체의 휴식과 관련이 있는 부교감신경은 몸의 긴장을 풀어주는 작용을 한다. 야마구치 교수는 스킨십은 부교감신경이 우위가 되는 저녁 이후에 하면 효과가 더 커진다고 말한다.

손을 초속 5센티미터 정도의 속도로 움직이면서 스킨십을 하면 부교감신경이 가장 우위가 된다고 한다. 이는 평상시 우리가 소중한 사람이나 반려동물을 쓰다듬을 때 무의식적으로 손을 움직이는 속도이다.

야마구치 교수는 손바닥 전체를 사용해 충분히 만져주는 것이 효과적이라고 추천한다.

스킨십은 저녁에서 밤 사이에 하는 게 효과가 크다

METHOD 06

야단치기

- 야단은 구체적으로 알기 쉽게 한다

요즘은 아이들을 웬만하면 야단치지 않고 칭찬을 많이 하며 키우는 경향이 있는데, 발달심리학자인 도쿄대학 엔도 도시히코遠藤 利彦 교수는 "아이들은 '칭찬'과 '야단' 2가지가 다 있어야 비로소 제대로 된 교육이 된다"라고 말한다.

"다섯 번 가르치면 세 번은 칭찬하고 두 번은 꾸짖어 사람을 만들어라"는 니노미야 손토쿠二宮 尊徳(에도시대 후기의 농정가이자 사상가)의 말처럼, 아이에게는 다섯 번 가르치면 세 번은 칭찬하고 두 번 정도는 꾸짖는 것이 적당하다.

잘 '야단치는' 방법에는 어떤 것이 있을까?

■ 심호흡하자

아무리 타일러도 아이가 말을 듣지 않을 때는 부모도 감정적으로 큰 소리를 지르게 될 때가 있다. 그러나 너무 크게 화를 내면 아이는 부모가 자신을 싫어하는 것은 아닌지, 사랑받지 못하고 있는 것은 아닌지 불안해한다. 분노 게이지가 폭발했을 때는 심호흡을 한 번 해 마음을 가라앉힌다.

■ 야단은 가능한 한 둘만 있는 곳에서 하자

사람들 앞에서 야단을 맞으면 아이는 자존심에 상처를 입고 창피하다는 생각 외에는 아무 생각도 할 수 없게 되어 무슨 말을 해도 머릿속에 들어오지 않는다. 주위에 다른 사람들이 있을 때는 가능한 한 사람들의 눈을 피해 자리를 옮기자.

■ 인격을 무시하는 말은 절대 하지 말자

"이 바보야!" "넌 태생이 머리가 나빠"처럼 인격을 무시하는 말은 절대 해서는 안 되고 구체적인 언행에 대해서만 지적한다. 아이는 바보라는 말을 계속 들으면 정말로 '나는 머리가 나쁘구나'라고 생각하게 되어 '노력해 봤자지' '난 재능이 없어'라며 포기해버릴 수 있다.

■ 이유는 구체적으로 설명하자

임상심리학자이자 메이지대학Meiji University 모로토미 요시히코諸富祥彦 교수는 "네가 지금 왜 야단맞는지는 스스로 생각해 봐!"라고 말하는 것은 부모의 양육 태만이라고 말한다. 구체적으로 '뭐가 왜 잘못됐는지' '다음은 어떻게 바꿔야 하는지'를 아이에게 알기 쉬운 말로 간결하게 설명해야 한다.

주의를 줄 때는 이유를 구체적으로 말한다

■ 남과 비교하지 말자

누구나 다른 사람과 비교를 당하면 자신감을 잃게 된다. 특히 형제와 비교를 당하면 부모의 애정이 부족하다고 느끼는 경우도 있다. 그럼 필요 이상으로 반항적인 태도를 보이며 점점 부모의 말을 듣지 않게 된다.

아이를 다른 아이와 비교하는 것은 부모가 스스로를 괴롭히는 행위가 되기도 한다. "○○는 잘 하는데 우리 집 애는 참……" 이라며 비교하는 버릇을 버리지 못하면 '야단칠 것까지는 없었는데…'라며 나중에 후회하는 일이 의외로 많을 것이다.

■ 냉정해질 수 있는 장소를 만들자

미국이나 유럽에서는 아이를 진정시키고 건강하게 지도할 수 있는 '긍정적 타임아웃Positive Time-out'이나 '생각하는 타임Thinking Time'

이라는 방법이 보편화되어 있다. 이는 아이가 흥분해 있을 때 일단 행동을 멈추고 진정시키는 시간을 갖는 방법이다. 시간은 '아이의 나이 × 1분' 정도가 적당하다.

이 방법을 쓰려면 우선 타임아웃을 위해 '진정시킬 장소'를 정해둬야 한다. 아이는 정해진 공간에서 흥분이 가라앉으면 자신의 행동이나 발언을 반성하고 같은 실수를 반복하지 않겠다고 생각할 수 있게 된다.

■ 공부하라고 야단치는 건 효과가 없음을 기억하자

'부모와 자녀를 대상으로 한 아이의 생활과 배움에 관한 조사 2015~2016(도쿄대학 사회과학연구소·베네세 교육종합연구소)'에 따르면 '공부를 좋아하는 아이'는 호기심과 관심 등 내발적 동기로 공부하는 비율이 높은 반면, '공부를 싫어하는 아이'는 선생님이나 부모에게 야단맞기 싫다는 외발적 동기로 공부하는 비율이 높은 것으로 나타났다.

의견이나 행동을 타인에게 강요받으면 반발심이 생겨 오히려 자신의 의견을 굽히지 않게 되는 것을 심리학에서는 '심리적 역반응Psychological Reactance Theory'이라고 한다.

"공부해"라고 야단을 치면 칠수록 아이는 더 강하게 반발해 공부와 멀어진다. 모로토미 교수는 무턱대고 야단치기보다는 처음 10분이라도 좋으니 아이와 함께 공부하는 것이 더 효과적이라고 말한다.

무조건 "공부해!"보다 시간을 내 공부를 봐준다

METHOD 07

근거 없는 자신감 키우기

- 강하게 살아가기 위한 소중한 힘을 키운다

다른 사람과의 커뮤니케이션을 어려워하는 원인 중 하나가 자신감 부족이다. 사람들은 자심감이 없으면 상대에게 거부당해 상처받을까 걱정되어 사람 사귀는 것을 자꾸 피하게 된다.

아이들도 마찬가지이다. '나는 이 정도면 충분해'라고 생각하는 아이는 자신감을 가지고 자신의 마음을 표현할 수 있다.

20년에 걸쳐 5,000회 이상의 면담을 통해 육아의 고충을 헤아려온 의사이자 임상심리사이기도 한 다나카 시게키田中 茂樹 씨는 부모가 보기에 아이가 잘못된 주장을 할 때는 논리적으로 잘못을 지적하려 하지 말고 의견을 말한 용기를 인정해주는 것이 중요하다고 말한다.

■ 인정받았다고 확실히 느끼게 하자

사람이 살아가는 데는 '이유는 모르겠지만 왠지 잘 될 것 같은 느낌이 들어!'라는 식의 무조건 자신을 믿는 힘이 매우 중요하다. 이를 정신의학에서는 '기본적 신뢰감Basic Trust'이라고 한다. 항상 인정받고 있다는 믿음은 상대와의 마음의 벽을 허물어 커뮤니메이션 의욕을 자극한다.

'근거 없는 자신감'을 키우는 방법에는 무엇이 있을까?

■ 있는 그대로 받아들이자

"시험 100점 맞았어!" "달리기에서 1등했어!"와 같은 구체적인 성과에 대해 칭찬하는 것도 좋지만, 여기서 생겨나는 자신감은 근거가 확실하다.

근거 있는 자신감은 근거가 되는 사실이 사라지면 자신감도 함께 없어진다. 근거가 없는 자신감은 이런 조건부의 자신감이 아닌 부모로부터 있는 그대로를 인정받고 있고 또 사랑받고 있다는 믿음에서 생겨난다.

■ 아이가 못하는 것에 집착하지 말자

잘하지 못하는 것을 열심히 노력해 극복하는 것은 대단한 일이다. 그러나 부모가 지나친 고집을 부려 아이를 몰아세우면 자신감은커녕 열등감만 커질 가능성이 있다.

■ 어른은 듣는 역할에 충실하자

아이와 이야기를 할 때는 부모는 듣는 데 집중한다. 아이가 어떤 이야기를 해도 "그랬구나" "그 기분 알아"라는 식으로 맞장구를 치면서 귀를 기울이면 아이는 '편하게 어떤 이야기든 해도 되는구나'라고 생각해 자신감을 갖게 된다.

■ 다시 일어설 힘을 키워주자

아이는 초등학교에 들어가면서부터 자신과 타인을 비교하게 되고 '지면 안 돼!'라는 감정을 갖게 된다.

중요한 것은 졌을 때, 기가 죽었을 때 다시 일어설 힘을 키워주는 것이다. 이 회복력을 심리학에서는 '탄력성[Resilience]'이라고 한다(p.157 'METHOD 34 탄력성 키우기' 참조). 아이가 실패했을 때도 다른 아이와 비교하지 말고 좋은 점을 들어 "고생했어" "용기가 대단해"라는 말로 인정해주면 다시 일어설 힘을 키울 수 있다.

실패했거나 져서 기가 죽은 아이에게는
잘한 부분을 찾아 칭찬한다

■ 아이를 믿자

아동·청소년 정신건강의학과 의사 사사키 마사미佐々木 正美 씨는 "아이는 자신을 믿어준 사람을 믿는다. 그리고 자신이 신뢰를 받아야 스스로를 믿을 수 있게 된다"는 말을 남겼다(『아이는 믿어주는 사람을 따른다』 | 사과나무 | 2004.8.20.).

먼저 부모가 아이를 믿어야 한다. 그럼 아이는 부모를 믿고 자신도 믿을 수 있게 된다.

METHOD 08

책 읽어주기

- 집중하지 않더라도 느긋하게 읽어준다

책을 읽어주면 마음이 차분해지고 언어 능력과 상상력, 정서를 키워주는 효과가 있다는 것은 학술적으로도 밝혀진 사실이다. 인지신경과학자이자 니혼대학Nihon University 교수였던 다이라 마사토泰羅 雅登 박사는 생전에 연구를 통해 책을 읽어줄 때 아이 뇌에서 활성화되는 부분은 감정과 의욕, 본능을 담당하는 뇌 심부의 '대뇌변연계'라는 사실을 밝혀냈다.

다이라 교수는 이를 '마음의 뇌'라고 표현했는데 이 마음의 뇌를 키우면 무서움, 슬픔, 즐거움, 기쁨 등과 같은 감정을 느낄 줄 아는 아이로 자란다고 한다. 즉 다양한 감정을 뇌가 느끼고 '다시 해보자' '이건 하면 안 돼'라는 식으로 동기부여가 되기도 하고 의욕이나 도덕심을 갖게 된다는 것이다.

뇌과학자인 가와시마 류타 교수의 연구에서는 책을 읽어주는 시간이 길수록 부모의 육아 스트레스가 줄어든다는 사실도 밝혀졌다. 부모가 책을 읽어준 아이는 언어가 발달하는 것 외에도 말을 듣지 않고 반항하는 등의 문제 행동도 줄어든다고 한다.

이렇듯 책 읽어주기는 마음을 자라게 하고 부모와 아이의 마음을 통하게 해 차분한 대화가 가능하도록 해준다.

책은 '어떻게 읽어주면' 좋을까?

■ 매일 정해진 시간에 읽어주자

저녁 식사나 씻고 난 다음 또는 자기 전 등 매일 정해진 시간에 읽어준다. 아이들 책은 금방 읽을 수 있다. 집안일에 쫓기더라도 10분만 시간을 내면 짧은 그림책 한두 권은 읽을 수 있다. 책을 읽어주는 시간이 되면 아이와 함께 책의 세계에 빠져 마음껏 즐겨보자.

■ 조용한 환경에서 편안한 마음으로 읽어주자

아이가 집중할 수 있도록 TV나 음악은 끈다. 아이가 끝까지 집중하지 못 할 때도 있을 것이다. 그렇다고 중간에 끊지 말고 마지막까지 인내심을 가지고 평소랑 똑같이 읽어준다. 아이는 다른 데 정신이 팔려 등을 돌리고 있어도 다 듣고 있다고 한다.

아이가 다른 데 정신이 팔려 있어도
신경 쓰지 말고 읽어준다

■ 천천히 또박또박 읽어주자

아이가 귀에 들어온 말이나 리듬을 충분히 음미하고 상상의 나래를 펼 수 있도록 천천히 또박또박 읽어준다.

■ 같은 책을 여러 번 읽어줘도 좋다

아이는 마음에 드는 책이 있으면 몇 번이고 반복해서 읽으려고 한다. 어른 눈에는 이상하게 보이지만 아이들 입장에서는 항상 새로운 기분이 들고 읽을 때마다 새로운 것을 발견한다.

■ 글을 익히는 것이 목적이 아님을 명심하자

아직 글을 익히지 못 한 아이에게 억지로 책을 읽으라고 하면 책 읽기를 싫어하게 되는 역효과가 날 수 있다. 어른이 읽어주면 아이는 책을 읽는 즐거움을 조금씩 알아가게 된다.

■ 초등학교에 들어가도 읽어주자

그림책은 갓난아기부터 5살 정도까지 읽어주는 책이라고 생각해 초등학생이 되면 이미 그림책 읽기가 늦었다고 말하는 사람들도 있다.

그러나 『하루 15분 책 읽어주기의 힘』(북라인 | 2012.6.1.)의 저자 짐 트렐리즈Jim Trelease는 아이는 13세까지는 '읽는 능력'보다 '듣는 능력'이 뛰어나므로 들은 말을 흉내 내면서 언어 능력을 키워간다고 말했다.

책을 읽어줄 때는 꼭 그림책이 아니라도 된다. 초등학생이 되어서도 책을 읽어주면 새로운 단어를 배우고 다양한 사물에 대한 흥미와 관심이 싹트며 감정이 풍부해진다.

다이라 교수는 학습과 사고와 언어 등 뇌의 고차원 기능을 담당하는 대뇌에 있는 신피질이 발달하려면 먼저 뇌 안쪽에 있는 '마음의 뇌'를 건전하게 성장시킬 필요가 있다고 말한다.

책 읽어주기는 뇌의 안쪽, 즉 아이 뇌의 뿌리 부분을 성장시켜 주기 때문에 초등학생이 된 이후라도 효과는 충분히 기대할 수 있다.

■ 책 고르기

그림책은 서점에서 고를 때 시각적인 부분에 현혹되지 않도록 주의한다. 아이는 책이 흑백이라도 머릿속에서 상상하면서 스스로 색을 입혀간다고 한다. 오랫동안 많은 사람에게 읽혀온 다양한 명작 중에서 고르는 것도 좋을 것이다.

아이에게 좋은 책을 고르기 어려울 때는 정기구독 서비스를 이용하거나 '그림책 내비게이션'과 같은 그림책 정보 사이트에서 미리보기로 살펴보거나 리뷰를 참고해 고르는 것도 좋다.

아동서적의 정기구독 서비스로는 0세~초등학교 6학년까지를 대상으로 한 크레용하우스의 '그림책 책장'이나 그림책 내비게이션의 '그림책 클럽' 등이 있다.

METHOD
09

주말 즐겁게 보내기

- 다양한 만남으로 다양한 가치관을 접한다

앞으로의 시대는 점점 더 세계화가 진행되어 다양한 사람이 서로 협력해 다양한 문제를 해결해 나가지 않으면 안 된다. 이렇게 다른 사람들과 교류하면서 서로 협력해 갈 수 있는 힘을 키우기 위해서는 어릴 때부터 다양한 사람이나 상황에 익숙해지는 것이 중요하다.

특히 아이가 가족이나 친척 등 다양한 어른과 만나 대화를 나누는 것은 다양한 가치관을 배울 귀중한 기회이다.

주말이나 휴일을 활용해 이런 기회를 만든다. 집에서 편히 쉬고 싶겠지만, 아이와 집안일을 함께 하며 보내거나 다른 어른들과 만나는 자리를 만드는 등 평소 학교에서는 경험할 수 없는 것을 즐길 기회를 만드는 것이다.

아이는 이 시간들을 통해 다양한 커뮤니케이션을 경험하면서 다양한 상대와 관계를 맺어가는 힘을 자연스럽게 익히게 된다.

'즐거운 주말'은 어떻게 만들까?

■ 집안일을 놀이하듯 함께 해보자

청소나 음식 준비를 아이와 놀이하듯 즐겨보자. 청소할 때는 보통 음식물 쓰레기로 버려지는 찻잎 찌꺼기(현관 바닥에 뿌리면 먼지를 흡착하는 효과가 있음)나 귤껍질(싱크대나 바닥 닦기에 좋음), 쌀뜨물(행주에 묻혀 바닥을 닦으면 왁스 효과가 있음) 등과 같은 천연소재들을 사용하면 좋다.

아이와 요리할 때는 매달 1권씩 배달되는 쿡패드(일본의 요리 레시피 서비스 플랫폼)의 『요리 그림책』 등을 활용해 아이와 함께 요리를 즐기면서 음식에 대한 흥미와 지식을 키울 수 있다.

집 안의 텃밭 등을 가꾸면서도 즐거운 대화를 나눌 수 있다. 화분이나 스티로폼 상자 등으로 만든 작은 밭에서도 다양한 채소를 재배할 수 있다. 아이와 집 안에서 텃밭을 만들어 가꿀 때는 『채소 심는 법 키우는 법』과 같은 그림책을 보면서 하면 아이도 흥미를 갖기 쉽다.

■ 공원으로 놀러 가보자

평소 자주 가는 공원도 좋지만 좀 더 범위를 넓히면 나무를 타거나 모닥불을 피우는 등 모험을 즐길 수 있는 공원도 있다. 친구 가족과 함께 가는 것도 즐겁다. 일상에서 벗어나 자연을 접하면 평소와는 다른 대화의 꽃을 피울 수 있을 것이다.

모험을 할 수 있는 전국의 공원에 대한 정보는 특정 비영리활동법인 '일본 모험놀이의 장 만들기협회' 홈페이지에 상세히 나와 있으니 참고하면 좋다(한국에서는 국립공원 등의 자연생태계를 관리하는 '국립공원공단'과 한국관광공사가 관리하는 'Go Camping'을 참고하면 좋다).

■ 박물관과 미술관에 방문하자

아이는 입장료가 무료인 박물관과 미술관이 많다. '아이에게는 아직 어려운 거 아닌가?' 싶은 선입견은 버려라. 작품의 배경을 몰라도 아이들은 아이들만의 감성으로 받아들인다. 진품을 볼 수 있는 귀중한 기회는 아이들의 시야를 넓혀 줄 것이다(p.233 'METHOD 54 아트 체험하기' 참조).

■ 지역 행사에 참여해보자

축제나 플리마켓 등 지역 행사는 지자체의 홍보지나 게시판, 홈페이지 등에서 확인할 수 있다. 플리마켓에서는 가격을 정하거나 매출 목표를 세우고 돈 계산을 하는 등 어른과 협력해 실제로 물건을 파는 체험을 할 수 있다.

■ 관혼상제, 제사 때 친척과 만나자

요즘 아이들은 관혼상제에 참석한 경험이 별로 없어 장례식과 제사의 차이점을 모르는 아이도 많다. 관혼상제에 참석하면 관습과 전통을 경험할 수 있고 친척들과의 만남은 폭넓은 연령층과의 교류가 가능한 귀중한 기회가 되기도 한다.

■ 부모들끼리도 즐겁게 교류하자

아이의 친구 부모들을 알고 지내면 육아의 아이디어가 풍부해진다. 부부 둘이서만 육아를 하면 주말을 보내는 방식이 빤해지지만, 아이 친구 부모들을 알고 지내면 각자의 취미나 잘하는 분야를 살려 다양한 활동을 할 수 있다.

아이가 집에서 자주 이야기를 꺼내는 친구의 이름을 기억해두었다가 행사 등 만날 기회가 있을 때 적극적으로 말을 걸어 부모들과의 관계를 넓혀가자.

METHOD 10

평소와 다른 행동 살피기

- 몸이 보내는 메시지를 놓치면 안 된다

말은 커뮤니케이션의 중요한 수단 중 하나이지만 말만으로는 충분히 전달되지 않는 것이 있다. 특히 말이 미숙한 아이의 감정은 표정이나 행동으로 나타난다. 아이의 행동은 아이의 마음을 이해하는 중요한 힌트가 된다.

발달심리학자이자 호세이대학Hosei University 와타나베 야요이渡辺弥生 교수는 평소와 다른 아이의 행동을 놓치지 말고 그 특징에 맞추어 적절히 대처하는 것이 중요하다고 강조한다.

'평소와 다른 아이의 행동'에는 어떻게 대처할까?

■ 눈 깜빡거림, 코 킁킁거림, 어깨 들썩거림 → 생활 습관을 잡아주자

자기 의사와 상관없이 몸이 마음대로 움직이는 '틱'이라는 증상일 수 있다. 학동기 아이의 틱 발생률은 약 5%이며 비교적 남자아이에게서 많이 발생하는 경향이 있다.

초등학교 입학과 함께 발생하는 경우가 많고 뇌의 도파민신경계 발달의 문제가 원인인 것으로 보인다.

일찍 자고 일찍 일어나는 습관으로 생활의 리듬을 잡아 긴장

이 풀리면 대부분 1년 이내에 자연스럽게 고쳐진다고 한다. 억지로 못하게 하면 오히려 악화되기도 한다. 증상이 너무 길어지면 의사와 상담을 해보자.

■ 혼자 있는 경우가 많다 → 부모가 함께 놀아주자

아이가 혼자서만 놀 때는 친구랑 놀고 싶어도 말을 잘 못 걸거나 어떻게 친구와 함께 노는지 잘 모르는 경우가 있다. 부모가 아무리 "친구들이랑 놀아"라고 해도 몰라서 놀지 못하는 것이다.

이럴 때는 부모가 "같이 놀자"라고 하면서 아이를 데리고 아이의 친구들 사이에 끼어 함께 놀아보자. 그럼 아이는 '이렇게 하면 되는구나'라고 생각하면서 부모를 따라 친구들에게 말을 걸 수 있게 된다.

그리고 공놀이나 보드 게임 등을 통해 혼자가 아니라 다른 사람과 함께 하는 즐거움을 느끼게 해주면 자연스럽게 친구를 찾게 된다.

부모가 함께 아이들 사이에 끼어 놀아준다

커뮤니케이션 능력

■ 문제행동을 일으킨다 → 잘하는 점을 칭찬해주자

야단쳐도 말을 듣지 않고 문제행동을 자주 일으키는 아이들은 일반적으로 부모의 관심을 끌고 싶거나 부모를 시험해보고 싶은 속마음이 숨겨져 있는 경우가 많다.

이럴 때는 야단치던 것을 멈추고 짧고 엄하게 주의를 준다. 그리고 문제를 일으키지 않고 아이가 무엇인가를 잘 했을 때는 "대단해. 아주 잘하네"라고 칭찬해준다.

단 자신 또는 주위 사람들이 다칠 수도 있는 큰 문제행동을 일으켰을 때는 확실하게 아이의 얼굴을 정면에서 똑바로 보면서 진지한 목소리와 태도로 야단쳐야 한다.

■ 무기력할 때 → 심부름으로 작은 성공 경험을 하게 하자

의욕을 잃은 아이는 자신이 못 하는 이유를 자신의 능력 탓으로 돌려 '열심히 해도 안 된다'고 생각하는 경우가 종종 있다. 그럴 때는 빨래를 개키거나 식사 전 식탁에 그릇을 놓는 일 등 간단한 심부름을 통해 작은 성공 경험을 하게 한 다음 진심으로 "고마워"하고 감사한 마음을 전하면 아이는 열심히 하는 것을 좋아하게 된다.

■ 배나 머리가 아프다고 하거나 아침에 잘 일어나지 못한다 → 일단 병원에 가보고 문제가 없다면 서두를 필요 없다

아이가 몸이 자꾸 아프다고 하면 병원부터 가봐야 한다. 의학

적으로 명확한 병이나 증상이 아닌 경우는 스트레스가 원인일 수 있다.

이럴 때는 해결을 서두르거나 어른이 무턱대고 원인을 찾으려 하면 아이는 오히려 더 스트레스를 받을 수 있으니 "언제든 괜찮으니까 상의할 것 있으면 말해"라고 가볍게 말을 건네고 천천히 지켜 본다.

METHOD 11

말은 분명히 전달하기

- 어떻게 말하는 것이 가장 효과적인지 안다

어른이 "말 들어!"라고 하면 할수록 아이는 완강하게 반항하게 된다. 이에 어른도 화가 나 쏴붙이면 아이에게 정작 하고 싶은 말은 하지도 못하고 오히려 반감만 살 뿐 아니라 아이의 자존심에 상처를 남기게 된다.

이런 경우 할 말은 분명하게 해야 한다. 부모가 말을 효과적으로 전달하는 스킬을 알아두면 서로 스트레스도 적고 존중하는 관계를 만들기 쉽다.

미국의 아동심리학자 아델 페이버Adele Faber와 일레인 마즐리시Elaine Mazlish는 '아이와의 대화법'의 창시자격인 아동심리학자 하임 G. 기너트Haim G. Ginott 박사의 사사를 받으며 10년 이상 부모와 자녀를 위한 모임을 수없이 많이 열었다. 그 과정에서 아이에게 말을 효과적으로 전달하는 5가지 스킬을 정리했다(『어떤 아이라도 부모의 말 한마디로 훌륭하게 키울 수 있다』 | 명진출판사 | 2001.11.22.).

아델과 일레인은 이 5가지 스킬로 아이와 부모가 서로 다가갈 수 있는 분위기를 만들어갈 수 있다고 말한다.

말을 '분명하게' 전달하려면 어떻게 하면 좋을까?

① 있는 그대로 전달하자

아이가 부주의했거나 장난을 치거나 게으름을 피우거나 할 일을 제때 하지 않아 문제가 생기면 부모들은 무심코 "몇 번을 말해야 알겠니!?" "무책임해!" "○○할 자격 없어"라는 말을 내뱉곤 한다. 그러나 앞으로는 이렇게 말하지 말고 실제로 일어난 일만 있는 그대로 전달한다.

나무라지 말고 있는 그대로 말한다

아이는 자신의 나쁜 점을 지적받으면 반항하려 하기 때문에 오히려 있는 그대로 말하고 무엇을 해야 하는지 생각하게 하는 것이 효과적이다. 구체적으로 일어난 일에 대해서만 지적을 들은 아이는 스스로 문제 해결 방법을 찾으려 한다.

② 정보를 주자

아이를 나무라는 말은 필요 없다. "도와주니까 너무 좋다" "냉장고 정리 안 하면 안에서 썩어" 등과 같이 '지금 하는 것이 어떤 좋은 (또는 나쁜) 결과를 가져올지'에 대한 정보를 준다.

③ 한 마디로 말하자

양말을 벗어 빨래통에 넣지 않거나 정해진 규칙을 지키지 않는 등 매일 반복되는 잘못에 대해서는 길게 설교하기보다 "○○야, 양말!" "공놀이는 밖에서 해야지!"라는 식으로 따끔하게 한 마디로 하는 것이 효과적이다. 기너트 박사는 "당당하고 힘 있게 말하려면 간결해야 한다"고 말한다.

④ 마음을 전하자

"싫어" "그건 곤란한데" "불안해" 등과 같은 표현은 솔직한 감정이 드러나 말이 잘 전달된다. 요령은 이런 말을 할 때 무엇에 대해 왜 그렇게 느끼는지도 구체적으로 말하는 것이다. 그럼 아이도 자신의 기분을 어떻게 표현하면 될지 알게 된다. 예를 들면 다음과 같다.

"바빠서 도와달라고 했는데 아무도 도와주지 않아서 엄마 화났어."
"일 때문에 저녁 준비가 늦어져 아빠가 힘들어. 당근 껍질 좀 깎아줄래?"

⑤ 글로 써서 전달하자

여러 번 말해도 듣지 않을 때 부모는 지친다. 그럴 때는 써서 전달하는 것이 효과적인 경우도 있다. 하고 싶은 말을 종이에 적어 아이가 보기 좋은 곳에 붙여 둔다.

말하기 지쳤을 때는 적어서 붙여 둔다

METHOD 12

싸움 중재하기

- 싸움도 배움의 장이 될 수 있다

1995년 미국심리학회가 수여하는 조지 밀러상을 수상한 심리학자 주디스 리치 해리스Judith Rich Harris는 아이의 성장은 부모와 가정에 의해 결정된다는 이른바 '육아 신화'에 반대하며, 아이는 다양한 집단 속에서 스스로 배우며 바깥세상에서도 큰 영향을 받는다고 주장했다.

해리스에 따르면 아이의 인격 형성은 친구나 또래의 영향을 크게 받는다고 한다. 아이의 커뮤니케이션 능력도 가정 안에서 부모와 시간을 보내면서 뿐 아니라 밖에 나가 다양한 사람과 관계를 맺고 때로는 서로 부딪히면서 충분히 키워진다.

시라우메가쿠엔대학Shiraume Gakuen University&College에서 임상교육학을 가르치는 마스다 슈지増田 修治 교수는 바깥세상과의 관계 속에서 3세 무렵부터 초등학교 저학년 정도까지의 싸움 경험은 중요하다고 말한다.

아이는 울기도 하고 치고받고 싸우는 과정에서 마음과 신체의 통증을 경험하면서 힘 조절하는 법을 배운다. 싸우지 않고 성장하면 힘 조절을 할 줄 몰라 어느 날 갑자기 상대를 크게 다치게 할 수도 있다.

마스다 교수는 싸움에도 규칙과 교육이 필요하다고 말한다. 아이들이 싸우면 그냥 내버려두지 말고 싸우고 난 다음에 무엇을 깨닫게 하는지가 가장 중요하다고 지적한다.

'싸움 중재'는 어떻게 하면 좋을까?

■ 지켜야 할 규칙을 가르치자

'눈 찌르지 않기' '물지 않기' '가랑이와 배는 공격하지 않기' '손톱 세우지 않기' '물건 던지지 않기' 등 상대를 다치지 않게 하기 위한 최소한의 규칙은 가르쳐야 한다. 경우에 따라서는 상처가 평생 갈 위험성도 있다는 점을 확실하게 이해시킬 필요가 있다.

말도 마찬가지이다. 상대방의 콤플렉스(외모나 자신 없어 하는 부분 등)를 건드리면 상대의 마음에 깊은 상처를 남긴다는 점을 확실하게 가르쳐야 한다.

■ 상대방의 주장을 끝까지 듣게 하자

마스다 교수는 "싸움은 서로의 주장이 충돌하는 것이다. 그렇기 때문에 마지막까지 상대방의 주장을 듣는 것이 중요하다"라고 말한다. 서로 하고 싶은 말을 끝까지 하게 해 더 이상 할 말이 없어지면 흥분이 가라앉는다.

그럼 그때 어른이 나서서 "원인이 뭐였어?" "뭐가 싫었니?" "어떻게 하면 막을 수 있었을까?"라고 질문을 던져 싸움의 내용에 대해 생각해보도록 해야 한다.

■ 격해질 때는 말리자

남자아이끼리는 어느 정도의 몸싸움은 어쩔 수 없지만 폭력이 격해질 경우에는 주변의 어른들이 힘으로 말려야 한다.

■ 마지막에는 반드시 화해시키자

서로 충분히 이해될 때까지 주장을 말하게 했다면 마지막에는 반드시 화해하고 끝내게 한다. 아이는 싸움과 화해를 반복하면서 어떻게 하면 상대에게 상처를 주는지, 상대에게 자신이 싫은 행동을 못하게 하려면 어떻게 하면 되는지 알게 되고 친구와 사이좋게 지내는 법도 배운다.

■ 아이의 이야기를 잘 들어주자

평소와 달리 공격적이거나 깔끔하게 화해하지 못하고 서먹한 분위기가 남아 있을 때는 싸운 직접적인 이유 외에 스트레스의 원인이 없는지 시간을 두고 아이의 이야기를 충분히 들어준다.

양쪽의 주장을 듣고 화해를 시킨다

METHOD 13

감정 조절하는 법 가르치기

- 커뮤니케이션의 핵심이 되는 능력을 키운다

아이들은 성장하면서 '자신의 감정을 타인에게 잘 표현하는 법'과 '타인의 기분을 이해하는 법'을 배워야 한다. 발달심리학자 와타나베 야요이 교수는 감정을 표현하는 스킬은 생활 속에서 가족이나 친구, 선생님과의 사이에서 또는 동네 사람들로부터 배운다고 말한다.

10여 년 전만 해도 우리는 "싫어" "초조해" "창피해" 등과 같은 기분의 존재나 그 말의 의미, 이런 기분들을 조절하는 법을 주위 환경 속에서 무의식적으로 배워 왔다.

그런데 최근에는 저출산 핵가족화로 인해 동네 사람들과의 관계가 희박해지고 놀 장소도 줄어, 이제 아이들에게는 의식적으로 이런 감정을 조절하는 법을 가르쳐야 한다고 와타나베 교수는 지적한다.

지식은 많은데 감정이 불안정하거나 상대의 기분을 헤아리지 못해 자신의 능력을 제대로 살리지 못하는 어른 역시 늘고 있다. 감정 컨트롤은 커뮤니케이션에서 빼놓을 수 없는 소양으로 다양한 사람과 협력해 살아가기 위해 반드시 익혀야 할 스킬이다.

'감정 조절'을 잘하려면 어떻게 해야 할까?

아동심리학자 하임 G. 기너트 박사는 "아이들은 긍정적인 기분이 들면 긍정적으로 행동한다. 아이가 긍정적인 기분을 느낄 수 있도록 도와주는 방법은 아이들의 기분을 받아들여주는 것이다"라고 조언한다.

항상 자기 기분을 부정당하면 아이들은 혼란스러워하거나 몹시 화가 나기도 한다. 그뿐만이 아니다. '자기 기분은 알 필요가 없다' '네 기분은 믿지 마'라고 가르치고 있는 것이나 다름없다고도 말한다.

그래서 기너트 박사의 사사를 받은 아동심리학자 페이버와 마즐리시는 10년 동안 실시한 조사를 통해 아이의 기분을 존중하는 방법을 개발했다.

■ 주의 깊게 듣자

누가 자신의 이야기를 들어주고 공감해줬으면 하는 것은 다른 사람이 자신의 기분을 알아줬으면 하는 마음이 있기 때문이다.

특히 주의가 필요한 것은 그 기분이 부정적인 감정일 때이다. 부정적인 감정을 부정하거나 도덕적인 기준에서만 말을 하면 아이들의 마음은 멀어진다. 다른 일을 하면서 건성으로 대답하지 말고 일단 하던 일을 멈추고 아이에게 집중해 들어줘야 한다.

페이버와 마즐리시는 "아이가 가장 필요로 하는 것은 공감하면서 조용히 들어주는 것이다"라고 말한다(p.32 'METHOD 03 아이의 이야기를 듣는 연습하기' 참조).

■ 맞장구치며 공감하자

"아이고" "음…" "어머" "정말?" 등과 같은 말로 맞장구를 치면서 이야기를 들어주면 아이들은 자신의 생각이나 기분을 다시 들여다보고 스스로 해결 방법을 찾으려고 한다.

페이버와 마즐리시는 이럴 때 따져 묻거나 나무라거나 조언을 하게 되면 아이들은 오히려 자신의 기분이나 문제의 본질을 까먹고 건설적으로 생각할 수 없게 된다고 지적한다.

■ 감정에 라벨을 붙여 구분하자

무작정 감정을 달래서 아이의 기분을 억지로 바꾸려 하면 아이들은 오히려 더 혼란스러워한다. 부모가 아이의 기분에 대해 "초조하구나" "슬프구나" 등과 같은 말로 감정의 종류에 따라 이른바 라벨을 붙여 주면 아이들은 자신의 내면이 보이기 시작해 안정을 찾는다.

물론 아이가 그 말에 반발할 때도 있다. 페이버와 마즐리시는 이럴 때는 그냥 공감해주고 고개를 끄덕이면서 조용히 곁에 있어 주는 것이 중요하다고 말한다.

■ 함께 공상하자

아이가 없는 것을 달라고 조를 때 어른은 안 되는 이유를 논리적으로 설명하기 마련이다. 그러나 대부분 아이는 어른이 '무엇을 얼마만큼 갖고 싶은지'를 알아줬으면 하는 것뿐이다.

"○○을 뚝딱 내놓는 마법이 있었으면 좋겠다" "여기가 ××였으면" 등 공상의 나래를 펼치면 아이는 기분을 조절하기 쉬워진다고 페이버와 마즐리시는 말한다.

■ 감정의 강도를 객관화하자

와타나베 야요이 교수는 자신의 감정을 수치화하는 '감정의 온도계'로 감정의 강도를 가시화해 인식시키는 것도 감정 조절에 도움이 된다고 말한다.

예를 들어 화나 초조함을 느낄 때 '큰 소리로 고함을 지르고 싶다' '물건을 부셔버리고 싶다' 등과 같은 감정을 10이라고 하고 지금의 감정은 어느 정도인지를 확인시켜주면 아이들은 자신의 감정을 객관화할 수 있다. 이를 '메타 인지'라고 한다.

'장소 바꾸기' '심호흡하기' '물 마시기' 등 아이에게 맞는 대처 방법을 정해 놓으면 감정 컨트롤이 쉬워진다.

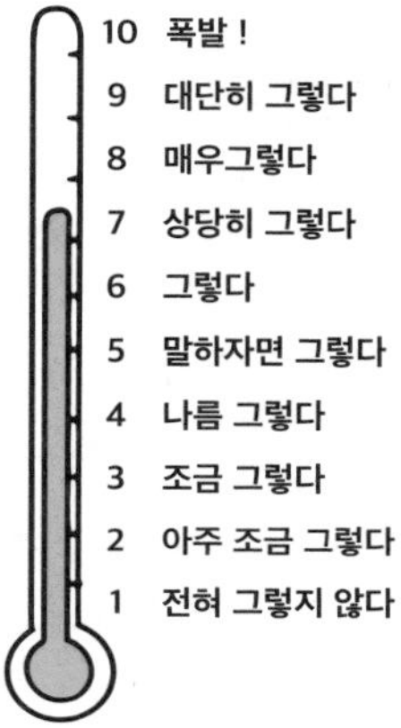

감정 온도계

"감정 온도계로 말하면 어느 정도야?"라고 물어 감정의 정도를 객관화하게 돕는다.

METHOD
14

스마트폰 규칙 정하기

- 중독의 위험성으로부터 내 아이를 지킨다

KDDI(일본의 이동통신회사)가 2018년 11월에 실시한 조사에 따르면 초등학생들의 휴대전화 · 스마트폰 소지율이 도시 지역의 경우 초등학교 3학년을 기준으로 약 절반 이상이나 되는 것으로 나타났다.

2019년 2월에는 일본의 문부과학성이 지금까지 원칙적으로 금지했던 초·중학교의 휴대전화 반입을 허용하기로 해 앞으로는 휴대전화 사용의 저연령화가 더욱더 심화할 가능성이 있다.

요즘은 유모차에 탄 아이가 부모의 스마트폰을 가지고 노는 광경이 아주 당연한 일처럼 되어 버렸다. 스마트폰은 어린아이들에게도 일상에서 떼려야 뗄 수 없는 존재가 되어 가고 있다.

■ 아이의 '판단력'을 키워주자

어린이 정보통신기술[ICT] 교육 전문가이자 와카야마대학[Wakayama university] 교육대학원 도요다 미치타카[豊田 充崇] 교수는 스마트폰이나 게임을 멀리 하거나 금지하는 것보다 아이들의 '판단력'을 키워주는 것이 중요하다고 말한다.

온라인 게임을 비롯해 인터넷 의존증 치료와 연구에 힘쓰는 국립병원기구 구리하마久里浜 의료센터 히구치 스스무樋口進 원장도 인터넷에 중독된 아이들을 일방적으로 나무라거나 부모의 생각을 강요하지 말고 스스로 문제를 깨닫고 바뀌고자 하는 의욕을 가질 수 있도록 돕는 접근 방식이 중요하다고 강조한다.

'스마트폰 규칙'은 어떻게 정하면 좋을까?

■ 장단점을 적어보자

스마트폰에 대해 '친구와 연락하기 쉽다' '모르는 것은 바로 검색해볼 수 있다' 등과 같은 장점과 '눈이 나빠진다' '공부에 방해가 된다' '답장하기 귀찮다' 등과 같은 단점을 아이와 함께 써본다. 장점이라고 생각했던 것도 실은 단점인 경우가 많다는 것을 일깨워준다.

■ 아이와 이용 시간을 정하자

아이와 스마트폰 이용 시간을 매일 기록해본다. 그런 다음 평일과 휴일로 나누어 각각 '몇 시부터 몇 시 사이는 사용해도 좋은지' '하루 이용 시간은 몇 시간으로 할지'를 정한다. '스마트폰을 사용하는 장소'와 '사용하지 않을 때 두는 장소'는 가족의 눈에 잘 띄는 곳으로 정한다.

아이에게는 규칙을 따르라고 하고 부모는 24시간 마음대로 사용한다면 아이는 규칙을 지키고 싶은 마음이 들지 않기 때문에 부모도 아이와 함께 규칙을 지키도록 한다. 지키지 못했을 때는 하루 종일 사용하지 못하게 하는 등 벌칙도 어떻게 할지 아이와 함께 정한다.

■ 해서는 안 되는 일은 분명히 가르치자

다음과 같은 규칙을 확실하게 이해하도록 가르친다.

- 인터넷에 이름, 주소, 전화번호, 학교 이름과 시험, 성적표 등 개인을 특정할 수 있는 정보는 올리지 않는다.
- 약물, 무기, 자살, 폭력, 성인 사이트 등은 보지 않는다.
- 메신저나 SNS 등에 타인에 대한 욕이나 소문, 불만 등을 올리지 않는다.
- SNS에 자신이나 타인의 개인정보는 올리지 않는다.

이용 시간은 ?

어디서 사용하지 ?

위험한 사이트/
해서는 안 되는 것은 ?

규칙을 정해 놓고
눈에 잘 띄는 곳에서 사용하게 한다

■ 아이와 거래는 하지 말자

아이가 공부하는 조건으로 스마트폰 사용 시간 연장을 요구해도 응해서는 안 된다. "인터넷하는 시간을 줄이면 ○○ 사줄게"와 같은 거래 역시 하면 안 된다.

한 번이라도 이런 전례가 생기면 계속 규칙을 깨거나 요구가 점점 커지기 때문이다. 조금이라도 아이가 스스로 관리를 잘 하게 되면 적극적으로 칭찬해주는 것도 중요하다.

■ 필터링으로 아이를 보호하자

규칙을 정확히 이해하지 못하는 연령대에는 웹사이트 접속을 제한하거나 앱을 다운 받지 못하게 설정할 수 있는 필터링 서비스를 활용한다. 필터링 서비스를 이용하면 성장에 맞추어 제한을 조금씩 풀면서 아이의 판단력을 키워갈 수 있다.

■ 디지털 디톡스를 규칙적으로 하자

히구치 의사에 의하면 일정 시간 동안 스마트폰이나 컴퓨터 등과 같은 디지털 기기를 멀리하는 '디지털 디톡스'가 주목받고 있다고 한다. 디톡스란 몸속 독소를 해독한다는 뜻으로 인터넷에서 벗어나 오프라인 휴식을 취하자는 의도이다.

히구치 의사는 쉬는 날에는 아이와 함께 스마트폰이나 게임기를 집에 놔두고 자연 속에서 오감을 충분히 사용하면서 인터넷에서 벗어나는 디지털 디톡스를 추천한다.

■ 중독 증세가 보이면 전문 의료기관을 찾아가자

중·고등학생이 되면 인터넷 중독으로 밤낮이 바뀌어 학교에 가지 못하는 경우도 많다. 온라인 게임은 중독되게 하는 요소가 곳곳에 숨어 있다.

중독이 되면 이성을 관장하는 뇌의 전두엽 내 전두전야 기능이 저하되기 시작한다. 이 기능이 떨어지면 충동이나 욕구 컨트롤이 점점 어려워져 하면 할수록 악순환에 빠진다.

2019년에는 세계보건기구WHO가 '게임중독'을 새로운 질병으로 공식 지정했다. 상태가 심각하다면 전문 정신과의사에게 진찰을 받도록 하자.

METHOD 15

가족회의 하기

- 아이와 대화할 기회를 만든다

최근에는 평일은 아이는 학원 때문에, 부모는 일 때문에 바쁘고 주말은 가족이 다 모여도 각자 스마트폰이나 게임 하느라 가족 간 대화는 점점 줄어드는 추세이다. 아이에게 말을 걸면 "몰라" "까먹었어"라는 짧은 말만 돌아오기 일쑤다.

이렇게 평소에 대화가 부족하면 아이와의 신뢰관계에도 영향을 준다. 아이가 문제행동을 일으켰을 때 아이의 마음을 들어보려 해도 아이는 쉽게 마음을 열어주지 않는다.

임상아동청소년심리학자이자 캘리포니아대학University of California 어바인Irvine 캠퍼스의 로버트 마이어스Robert Myers 조교수는 가족을 더 끈끈하게 만들고 신뢰 관계를 구축하기 위해 정기적으로 '가족회의'를 열 것을 권하고 있다.

가족회의를 열면 자신의 생각을 잘 표현하지 못하던 아이도 조금씩 목소리를 낼 수 있게 되고 가족이 자신의 의견을 알아줬으면 하는 생각을 하게 된다고 한다.

가족회의는 축하하거나 서로 감사한 마음을 표현하는 등 가족이 함께 행복감과 즐거움을 공유하는 '팀 빌딩(작업그룹의 목적과 기능을 향상하는 기법)'의 시간이기도 하다.

'가족회의'를 잘하는 요령은 무엇일까?

■ 가족이 모두 모일 수 있는 시간에 회의하자

주말이나 저녁 시간 등 가족이 모두 모일 수 있는 요일과 시간을 미리 정해둔다. 1주일에 1번이 이상적이지만, 어려울 경우에는 1달에 1번이라도 모이는 편이 좋다.

■ 모두가 발언할 수 있는 질문을 하자

가족이 모두 발언할 수 있는 질문을 한다. 회의 진행을 아이에게 맡기면 아이가 스스로 가족의 일원으로 인정받고 있다고 느껴 자존감이 높아진다. 회의 진행자는 예를 들어 다음과 같은 질문을 던져 답변을 유도한다.

- 이번 주말은 어땠어?
- 다음 주에는 계획 있어?
- 다음 주 목표는 뭐야?
- 가족이 나한테 이런 좋을 일을 해줬어!
- 나는 가족을 위해서 이런 일을 했어!
- 이번에 가고 싶은 곳은 어디야?
- 갖고 싶은 것 있어?

이밖에도 가족에게 하고 싶은 말, 질문이나 부탁, 규칙 정하기나 휴일 계획 등도 가족회의에서 질문할 수 있다.

질문은 미리 정해 놓고, 회의 진행은 아이에게 맡긴다

■ 가사 분담을 미리 정하자

가족은 작은 공동체이고 아이도 가족이라는 팀에서 소중한 일꾼이다. 가족 한 사람 한 사람이 집안일을 어떻게 나누어 할지 대화를 통해 분담한다.

■ 기록하자

가족 한 사람 한 사람의 목표와 할 일, 가족 모두가 지켜야 할 규칙 등 정해진 것을 종이나 화이트보드에 기록해 '가시화'한다.

■ 마지막에는 이벤트를 준비하자

회의가 딱딱하거나 설교하는 시간이 되면 역효과이다. 가족들끼리 싸워 집 안에 긴장감이 돌 때는 밖에 나가 산책하면서 이야기하는 등 장소를 바꿔 본다. 그리고 회의 마지막에는 모두가 즐거웠다고 생각하고 끝낼 수 있도록 게임이나 요리, 영화 등 가족이 함께 즐길 수 있는 이벤트를 준비하면 좋다.

METHOD 16

인사하기

- 의무가 아니라 좋아하게 만든다

우리는 하루에도 몇 번씩 인사를 하게 된다. 인사는 세계 공통의 습관이자 커뮤니케이션을 시작하는 출발점이다.

심리현상 중 하나로 '에펠탑 효과'라는 것이 있다. 이는 심리학자이자 스탠포드대학Stanford University 로버트 자이언스Robert Zajonc 명예교수가 발견한 것으로, '자주 노출된 대상이나 자극에 대해서는 호감도가 올라가는 법칙'이다. 단순노출효과라고도 한다.

인사는 이 효과를 끌어내기에 매우 편리한 방법이다. 어릴 때 인사하는 습관을 들이면 성장해서도 다양한 사람을 사귀는 데 큰 도움이 된다.

형제가 많고 이웃이나 친척 모임이 잦았던 시절에는 다양한 사람과 인사를 나눌 기회가 많았다. 아이들은 이런 환경에서 자연스럽게 인사하는 법을 익혔다.

하지만 요즘은 이웃이나 친척과의 거리도 멀어져 인사할 기회가 크게 줄었다. 그렇기 때문에 인사하는 것을 어른들이 의식적으로 가르쳐야 한다.

'인사'를 잘하게 하려면 어떻게 해야 할까?

■ 어른이 모범을 보이자

아이들은 부모의 언행에 민감해 항상 부모를 관찰하고 있다. 어떤 상황에서 어떤 인사를 하는지도 부모의 말과 행동을 모델 삼아 익혀 간다.

부모는 "안녕" "다녀올게" "다녀왔어" "왔어?" "잘 먹었어" "고마워" "미안해" "잘 자" 등 가족들에게 의식적으로 인사를 건네도록 하자.

■ 인사를 받으면 반드시 답을 하자

인사는 상대의 존재를 인정하고 자신의 존재를 인정받는 행위이다. 인사를 해준 사람에게는 반드시 인사로 답해야 한다는 것을 가르쳐야 한다.

인사를 받고 답을 하지 않으면 상대는 무관심하다고 생각할 것이다. 무관심은 '상대의 존재는 아무래도 상관없다'는 메시지로 인식되어 상대방에게 큰 상처를 준다. 인사를 주고받는 것은 커뮤니케이션의 기본이다.

■ 마음을 담아 하자

'인사'라는 단어에는 '마음을 열어 상대방에게 다가간다'는 뜻이 담겨 있다고 한다. 인사를 할 때는 이 말의 뜻을 잘 새기면서 상대방의 얼굴을 보고 마음을 담아 인사를 건네도록 신경 쓴다.

아이한테는 하이파이브나 허그 등 스킨십을 하면서 인사하면 매우 좋아한다. 스킨십을 하면 앞에서도 언급한 애정 호르몬인 '옥시토신'의 분비를 촉진시키는 효과도 있다(p.39 'METHOD 05 스킨십하기' 참조).

잘 못 해도 나무라지 말고 잘 했을 때는 칭찬한다

■ 잘 못 해도 나무라지 말자

아이가 인사를 하지 않을 때는 '창피하다' '쑥스럽다' '불편하다'고 느낄 때이다. 이럴 때 "왜 인사를 못 해?"하며 인사를 강요하거나 야단을 치면 아이는 오히려 반발심이 생겨 인사를 부담스러워 하게 된다.

다른 아이와 비교하면서 잘 못 한다고 나무라는 것도 역효과라 아이가 위축될 수도 있다.

아이가 인사를 잘 못 하더라도 초조해하지 말고 "○○ 네 집에 도착하면 제일 먼저 뭐라고 말할까?"라고 마음의 준비를 하게 하거나 모기소리 같은 소리로라도 인사를 하면 함께 기뻐해주는 등 아이의 눈높이에 맞추도록 한다.

METHOD 17

발표력 키우기

- 말 잘하는 틀을 알려준다

타인 앞에서 말하는 것을 어려워하는 사람이 많다. 약 1만 9,000여 명에게 프레젠테이션 스킬을 교육해온 일반사단법인 알바에듀의 다케우치 아스카竹内 明日香 대표이사는 "프레젠테이션은 능력이나 센스의 문제가 아니라 '스킬'의 문제이기 때문에, 근력운동이나 악기 연습처럼 꾸준히 연습만 하면 누구나 잘 할 수 있다"라고 단언한다.

예를 들어 미국에서는 어릴 때부터 사람들 앞에서 자신의 의견을 발표할 기회를 많이 주어 철저히 발표력을 키워준다.

대표적인 것이 바로 유치원이나 초등학교 등에서 일상적으로 열리는 'Show & Tell' 시간이다. 이 수업에는 아이들이 각자 좋아하는 것을 학교에 가지고 와 반 친구들과 선생님 앞에서 '이것은 무엇이고 어디에서 구했고 어디가 마음에 드는지' 등에 대해 발표한다.

발표가 끝나고 선생님이 반 친구들에게 "질문 없니?"라고 물으면 많은 질문이 쏟아져 나온다. 발표자는 철저한 준비와 연습을 한 후 발표하고 질문에 답변하고, 반 친구들은 이야기를 잘 듣고 질문한다. 양방향 연습을 통해 발표력이 키워지는 것이다.

2020년부터 시행된 일본의 새로운 학습지도 요령에서는 주체적·대화적 심화학습이 강화되어 어린이들의 발표 기회 역시 늘어나고 있다.

가정 내에서 간단한 습관만 들여도 아이들의 발표력을 향상시켜 자신감을 갖게 할 수 있다.

'발표력'은 어떻게 키워주면 좋을까?

■ 식사하면서 대화하자

발표력을 키워주기 위해서는 악기처럼 발표도 매일 연습하는 것이 효과적인데, 식사 시간을 활용하면 좋다. 밥을 먹으면서 "오늘 하루는 어땠어?" "제일 재밌었던 일은 뭐야?"처럼 주제를 정해 이야기를 한다.

다케우치 씨는 아이가 무슨 말을 하는지 잘 이해가 되지 않을 때는 일단 끝까지 들은 다음 이런 이야기가 하고 싶었던 거냐고 되물어 내용을 다시 확인하는 것이 좋다고 말한다. "그거 좋다" "재밌다!"라고 맞장구를 치면 아이들은 의욕을 갖는다.

■ 분명하게 말하게 하자

아무리 발표를 잘해도 잘 들리지 않는다면 의미가 없다. 그러니 평소에 분명하게 말하는 연습을 시키는 것이 좋다. 아이의 목소리가 작아서 잘 들리지 않을 때는 흘려듣지 말고 "잘 안 들리니 분명하게 말해줘"라고 말해준다.

■ 눈을 보고 말하자

연설의 천재로 불렸던 버락 오바마 전 미국 대통령의 대통령 취임 연설은 청중과의 아이콘택트 시간이 스피치 전체의 절반을 차지한다고 한다. 부모도 평소에 아이의 눈을 보면서 이야기하고 듣도록 한다.

■ 어휘력을 높여주자

다케우치 씨는 "발표는 어휘가 풍부하면 압도적으로 재미있다"라고 말한다. 평소 독서 습관 등을 통해 어휘를 풍부하게 하면 표현력이 향상되어 발표력이 자연스럽게 좋아진다.

아이가 평소 사용하지 않는 숙어나 표현도 대화 중에 종종 쓰면 아이의 기억 어딘가에는 남으니 때로는 난이도 높은 표현을 쓸 것을 다케우치 씨는 추천한다.

■ 틀을 이용하자

아이에게 갑자기 발표하라고 하면 대부분은 당혹스러워한다. 이럴 때 전체 구성의 '틀'을 알려주면 발표가 한결 쉬워진다. 예를 들어 '서론' '본론' '결론'이라는 틀을 이용해 이야기하도록 지도하는 것이다(p.280 'METHOD 쓰기③' 참조).

이번 여름에 어디에 가고 싶어?

서론

"이번 여름방학에는 제주도에 가고 싶어요!"

본론

"할아버지, 할머니는 온천을 여유롭게 즐길 수 있어요"

"엄마와 아빠는 맛있는 밥과 술이 있어서 행복해하세요"

"저와 동생은 하루 종일 바다에서 놀 수 있어 최고예요!"

결론

"여름방학 여행은 제주도로 정하려고 합니다!"

간단한 틀을 사용해 발표에 도전하게 한다

METHOD 18

모범을 보인다

- 부모도 아이와 함께 성장한다

도로시 로 놀테 박사의 책 『아이들은 생활 속에서 배운다』(오리진하우스 | 2011.5.26.)에는 '아이는 항상 부모의 모습을 보고 있다. 부모는 아이에게 인생에서 최초로 만나는 가장 영향력 있는 모델이다'라는 구절이 있다.

'배움'은 흉내 내기에서 시작된다. 인간은 갓난아기 때부터 흉내 내는 힘을 가지고 있으며 가까운 사람들을 흉내 내면서 사회성을 익혀 간다.

'모범'은 어떻게 보여주면 좋을까?

■ 말투에 신경 쓰자

부모가 어떤 상황에서 어떤 말투를 사용하는지 아이는 항상 보고 있다. 상대의 말을 듣지 않고 일방적으로 자기가 하고 싶은 말만 하고 있지는 않은지, 사람에게 상처를 주거나 비판하거나 시비조로 말하고 있지는 않은지, "분명 잘 할 거야"라는 긍정적인 표현이 아니라 "왜 이런 걸 못 해?"라는 부정적인 말만 하고 있지는 않은지 되돌아보자. 부모의 말투는 아이의 말투뿐 아니라 마음가짐에도 영향을 준다.

■ 타인을 존중하는 모습을 보이자

가족이나 이웃, 혹은 잘 모르는 사람을 부모가 어떻게 대하는지도 아이는 관찰하고 있다. 길에서 만나면 인사를 하는지, 가게 종업원들에게 무례하게 말하지는 않는지, 입장이나 지위만으로 사람을 평가하거나 얕잡아 보지는 않는지, 집안일을 함께 하지 않아 배우자를 힘들게 하지는 않는지 말이다.

지역사회나 가정과 같은 가까운 공동체 내에서의 어른들의 언행은 아이들에게 큰 영향을 미친다.

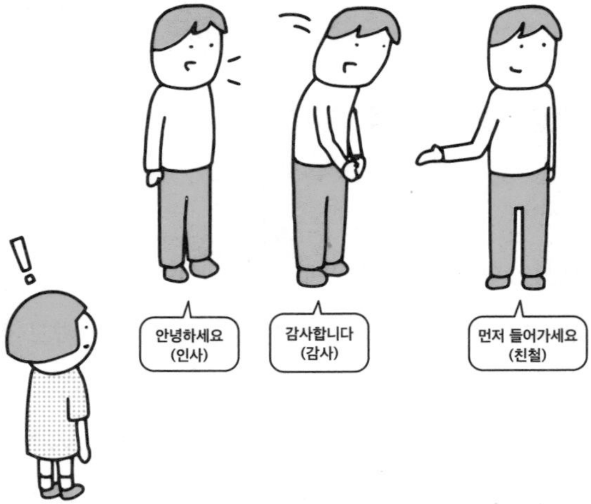

타인에게 경의를 표하는 모습을
일상적으로 아이에게 보여준다

■ 실패하는 모습도 보여주자

부모가 일에 대한 열정을 가지고 누군가에게 도움이 되거나 누군가의 인생에 영향을 미치는 모습을 보고 아이들은 힘과 용기를 얻는다.

이와 함께 실패해 풀 죽은 모습도 있는 그대로 보여준 다음 훌훌 털고 일어나 즐겁게 살아가는 모습을 보여주면 아이들도 실패를 두려워하지 않고 도전하는 마음을 가질 수 있다.

■ 건강에 신경 쓰자

아이가 편식하지 않고 밤늦게까지 TV, 게임, 스마트폰을 하지 않기를 바란다면 부모가 솔선수범해야 한다. 몸에 좋은 식사나 간식을 온가족이 함께 먹고 부모도 TV나 게임, 스마트폰을 하는 시간을 줄이고 산책을 하거나 자전거를 타러 나가는 등 바깥활동 계획을 세우는 것이 좋다.

■ 화를 진정한 후 말을 하자

아이가 짜증을 내거나 화가 나 엉엉 울 때 부모는 호흡을 가다듬고 마음을 진정한 다음에 말을 하도록 하자. 이렇게 마음 먹어도 때로는 부모도 감정적이 되어서 아이에게 큰소리를 지르거나 심한 말을 하게 될 때도 있을 것이다.

그럴 때는 잘못을 인정하고 사과하는 것도 부모로서 모범을 보이는 중요한 언행이 된다.

부모와의 커뮤니케이션이 원활하게 이루어지면 아이는 타인과 이야기하는 능력, 상대방의 말귀를 이해하며 잘 듣는 습관뿐 아니라 다음과 같은 능력도 좋아집니다. 그러니 아이의 말에 긍정적으로 공감하며 대화하는 시간을 늘려보세요.

SECTION 2

사고력을 키우려면?

'생각할 기회'를 최대한 늘린다

THINKING

METHOD 19

좋아하는 것 찾기

- 기회가 없으면 찾을 수 없다

하버드대학Harvard University '과학기술과 기업가정신센터' 최초의 혁신 교육 선임 연구원이었던 토니 와그너Tony Wagner 박사는 자신의 저서 『이노베이터의 탄생』(열린책들 | 2013.2.25.)에서 다음과 같이 말했다.

"젊은 빌 게이츠와 스티브 잡스, 더 최근 인물로는 마크 저커버그 (중략) …… 그들에게는 매일 밤늦게까지 프로그램을 만들라고 압박하거나 달래거나 하는 '타이거 마더(자녀를 스파르타식으로 엄격하게 훈육하는 엄마)'가 없었다. 그들에게 있었던 것은 열정이다."

와그너 박사가 이노베이터와 그 부모, 교사, 멘토(지도자)를 대상으로 150건 이상의 인터뷰를 실시한 결과 가장 많이 나온 말은 '열정'이었다. 임상심리학자인 조지프 버고Joseph Burgo 박사에 따르면 돈과 명성을 열망하는 사람보다 순수하게 자기가 좋아하는 일에 빠져 있는 사람이 성공하기 쉽다고 말한다.

시간 가는 줄 모르고 몰두하는 열정은 '더 알고 싶어' '잘하고 싶어'라는 마음을 끌어내고, 이를 위해 앞으로 어떻게 해야 할지 더 깊이 생각하게 하는 힘을 길러준다.

'좋아하는 일'을 찾아주려면 부모가 어떻게 해야 할까?

■ 아이가 해본 적 없는 일에 주목하자

아이에게 "좋아하는 게 뭐야?"라고 물으면 그런 거 없다고 답할 때도 있을 것이다.

그러나 창의성과 이노베이션 교육 전문가이자 영국 워릭대학University of Warwick 켄 로빈슨Sir Ken Robinson 전 명예교수는 자신의 저서 『켄 로빈슨 엘리먼트』(21세기북스 | 2016.10.15.)에서 이는 '기회의 유무'에 달려 있다고 말했다.

지금 아이가 특별히 좋아서 빠져 있는 일이 없다면 한 번도 해본 적 없는 분야를 오픈 마인드로 적극적으로 시도해보라고도 조언했다.

■ 아이의 행동을 관찰하자

로빈슨 전 명예교수는 아이가 좋아하는 것을 찾기 위해서는 평소의 행동 패턴을 가시화하는 것이 좋다고 말한다. 우선 학교, 학원, 놀이, 식습관 등을 대략적으로 적어 본다. 그런 다음 학교 시간표, 학원의 종류, 노는 시간에 무엇을 하는지 등 그 내용을 구체적으로 적어 간다.

■ 아이가 빠져 있는 것을 찾아보자

이렇게 쓴 각각의 항목에 대해 '좋아한다' '싫어하지 않다' '싫어한다'를 다른 색으로 구분한다. 아이가 무엇을 할 때 신이 나는지, 좋아서 어쩔 줄 모르는지를 잘 관찰해 아이가 좋아하는 것을 찾는다.

잘하는 것과 좋아하는 것이 일치하지 않을 때도 있지만, 사회심리학자이자 하버드대학 경영대학원 테레사 아마빌Teresa Amabile 명예교수는 뛰어난 재능이 있어도 아무것도 이루지 못 하는 사람이 많다고 말한다.

어른과 아이 모두 마음속에서 우러나는 강한 동기부여가 있을 때 최선을 다해 목표를 달성하려 한다. 테레사 아마빌 명예교수는 달성과 열정에는 강한 관련성이 있다고 말한다.

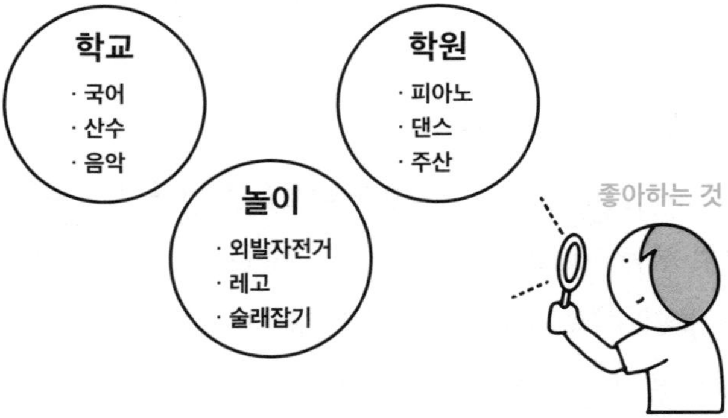

매일의 행동을 나열하고 그중에서 좋아하는 것을 찾는다

■ 1가지에만 빠지지 않게 하자

국제수학올림픽에서 일본인 여성 최초로 금메달을 목에 걸었고 현재는 수학자이자 재즈 피아니스트로도 활동 중인 나카지마 사치코中島 さち子 씨는 요즘은 '각자 자신의 전문 분야 하나만 파던 시대'에서 '다른 분야를 통한 접근이나 타 분야 전문가들과의 콜라보를 통해 새로운 것이 탄생하는 시대'가 됐다고 말한다.

여러 분야에서 다양하게 두뇌를 써 서로 다른 견해를 수용해 가는 경험은 이노베이션의 원체험(기억에 오래 남아 있어 어떤 식으로든 구애를 받게 되는 어린 시절의 체험)이 된다. 나카지마 씨는 "좋아하는 것이 반드시 하나일 필요는 없다. 여러 분야를 파고 왔다 갔다 하는 것이 앞으로의 교육에 필요하다"라고 강조한다.

METHOD 20

관찰력 키우기

- 타고난 능력을 키워준다

"자네는 눈으로 보긴 하지만 관찰은 하지 않아. 보는 것과 관찰하는 것은 큰 차이가 있다네."

이는 명탐정 셜록 홈즈의 유명한 대사이다. 홈즈의 추리력이 뛰어난 이유는 사물을 수동적으로 바라보지 않고 적극적으로 주의 깊게 관찰하려는 자세 덕분일 것이다.

최근에는 비즈니스의 세계에서도 새로운 니즈와 문제를 발견하는 방법으로 '관찰'이 주목받고 있다. 예를 들어 시장조사를 할 때는 설문조사에 답한 내용뿐 아니라 평상시의 생활상이나 환경, 평소의 언행 등을 주의 깊게 관찰해 사람들이 말로 표현하지 않는 잠재의식까지 파악하려 한다.

■ 아이들은 날카로운 관찰력을 갖고 있다

아이들은 뛰어난 관찰력을 갖고 태어난다. 그러나 주어진 문제에 정해진 정답을 요구하는 기존의 교육 방식이 아이들의 관찰력을 둔화시키고 있다. 셜록 홈즈의 대사처럼 관찰력을 키우면 스스로 문제를 찾고 새로운 깨달음을 얻는 힘이 생긴다.

'관찰력'을 키워주려면 어떻게 하면 될까?

■ 하루 동안 있었던 일을 자세히 물어보자

아이에게 그날 있었던 일에 대해 물어본다. 직접 보고 느낀 것들을 말로 표현하면 매일 매일의 작은 변화를 의식하게 된다.

이때 중간중간 "왜 그럴까?"라고 의문을 던지면 아이는 "왜 그러지?" "궁금하다" 하며 더 적극적으로 생각하고 관찰하려는 의욕이 샘솟는다.

■ 밖으로 나가자

아이의 관찰력을 키우는 가장 좋은 방법은 밖으로 나가는 것이다. 특히 자연에는 많은 자극이 있다. 매일 같은 장소에 가도 좋다. 같은 곳이라도 자연은 매일매일 변화하기 때문이다.

■ 보드게임을 즐기자

밖에 나갈 수 없을 때는 보드게임을 해보자. 아이는 어떻게든 이기기 위해 기회를 잡으려 들 것이다. 그럼 자연스럽게 게임 전체를 넓은 시야로 보게 된다.

이런 활동은 아이들의 관찰력을 단련시키는 좋은 훈련이 된다 (p.122 'METHOD 25 아날로그 게임으로 놀기' 참조).

사고력

■ 기록을 습관화하자

미국을 대표하는 19개의 박물관과 연구센터의 본부인 스미소니언 연구소Smithonian Institute에서는 박물학자들이 초 · 중학생들에게 '네이처 저널'을 기록할 것을 추천한다.

일기는 감정의 기록이고 네이처 저널은 주변의 자연에서 깨달은 점을 기록하는 것이다. 스케치를 하거나 사진을 찍으면서 자연이 어떻게 보이는지 기록하면 문장력도 생긴다.

스미소니언의 박물학자들도 매일 기록을 하는데 그 내용은 아이들이 기록하는 것과 별반 다르지 않다고 한다. 자연의 사소한 변화는 당장은 큰 도움이 되지 않을지도 모르지만, 이러한 기록들이 쌓여 전 세계적으로 이름난 스미소니언의 방대한 컬렉션이나 연구 성과로 이어지고 있다.

'네이처 저널'의 대상은
자연이면 무엇이든 좋다
꾸준히 하면 자연을 보는
눈을 기를 수 있다

METHOD 21

열린 질문하기

- 'Why' 'How' 'If'를 잘 활용한다

질문에는 크게 두 가지가 있다. 하나는 닫힌 질문으로, "Yes" "No"로 답할 수 있는 질문을 말한다. 예를 들어 "오늘 학교 재밌었니?" "급식은 맛있었어?"라고 질문하면 "응" "별로"라는 식으로 짧게 대답하면 끝이다.

또 하나는 열린 질문으로, 답이 하나가 아닌 질문을 가리킨다. "오늘 학교에서 어떤 재미있는 일이 있었니?" "급식은 뭐가 맛있었니?"라고 물으면 아이마다 대답이 다 다르다.

아이에게 질문을 받으면 "만약 ~였다면?" "왜 그럴까?"라며 열린 질문으로 되물으면 아이는 스스로 생각하려고 한다. 열린 질문을 하면 자연스럽게 아이의 이야기를 들을 기회가 늘고 아이는 자신의 이야기를 들어주는 부모를 더 신뢰하게 되어 더 많은 이야기를 하려 든다.

열린 질문은 이렇게 아이의 생각하는 힘을 키워준다. 어른도 "Yes"나 "No"가 아니라 감정이나 생각을 구체적으로 전하고 싶을 때는 머릿속을 어느 정도 정리한 다음 이야기해야 한다.

'열린 질문'은 어떻게 하는 걸까?

■ 적극적으로 질문하자

아이에게 자주 하는 말을 다음과 같이 바꿔 보자.

① "○○해!" → "왜 ○○해야 한다고 생각하니?"

열린 질문의 첫 번째는 'Why형'이다. 단 'Why'를 사용할 때는 부정문과 함께 사용하면 역효과이다. "왜 못 해?" "왜 말한 대로 안 하니?"라는 식으로 추궁하면 아이는 핑계를 대고 그럼 부모는 또 버럭 하는 악순환에 빠지게 된다.

먼저 "○○하기 싫은 거는 이해해"라고 공감을 표한 다음 "그런데도 왜 해야 하는 걸까? 함께 생각해보자"라고 말해보자.

② "왜 이런 것도 몰라!" → "어떻게 하면 알 수 있을까?"

열린 질문의 두 번째는 'How형'이다. 이때도 어떻게 해야 하는지 다그치지 말고 "어떻게 하면 할 수 있을까?"라며 마음을 헤아리려는 자세가 중요하다. 구글이나 페이스북에서는 "How might we?(어떻게 하면 실현 가능할까?)"라고 질문하는 것을 'HMW 메소드'라고 하는데, 아이디어를 낼 때 효과적인 방법으로 활용하고 있다. 영어로 'might'는 '~일지도 모른다' '~도 있을 수 있다'는 뉘앙스로, '정답은 하나가 아니다' '다양한 아이디어를 수용하자'는 자세로 생각하기 위한 방법이 된다.

③ "왜 못 해!?" → "만약 ○○라면 ××할 수 있을까?"

열린 질문의 세 번째는 'If형'이다. "왜 못 해!?"라는 말은 아이의 자신감을 떨어뜨린다. 아이가 못해서 풀이 죽어 있을 때 "만약 ○○라면"이라는 표현으로 '제안'을 해보면 이를 계기로 아이의 머릿속에 새로운 생각이 떠오르거나 스스로 더 좋은 방법을 생각해내려는 의욕이 생겨나기도 한다.

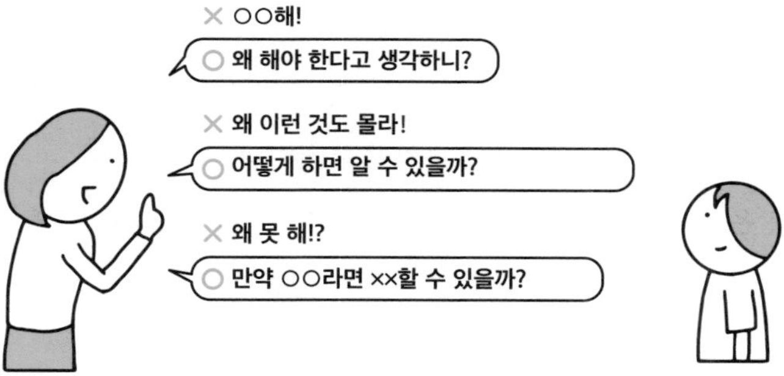

아이의 의욕을 자극할 질문을 한다

■ 아이디어를 포스트잇에 적어보자

아이에게서 나온 다양한 생각을 포스트잇에 하나씩 적어 놓자. 포스트잇이 점점 쌓이면 대화 역시 더욱더 깊어져 생각하는 힘이 길러진다.

METHOD 22

생각할 계기 만들기

- 사고를 자극하는 말투로 말한다

일본 문부과학성이 글로벌화에 대응할 수 있는 인재를 육성하기 위해 추진을 계획 중인 초·중·고등학생 대상 교육프로그램 중에 국제바칼로레아International Baccalaureate, IB라는 것이 있다.

국제바칼로레아 교육은 전 세계 150여 개국의 약 5,000개 학력 인정학교에서 실시되고 있는데, "왜일까?"라는 질문을 반복해 문제를 심층 분석하는 대화형 수업이 특징이다.

많은 졸업생이 창업가 등 사회의 체인지 메이커(변화를 만들어내는 사람)로서 세계를 무대로 활약하고 있는데, 이 학력 인정학교 선생님들의 말이 인상적이었다.

"모두 정답을 알고 싶어 합니다. 그리고 어떤 것이 시험에 나오냐는 질문을 많이 합니다. 입시공부에서는 '정답은 무엇인가?'라는 질문이 많기 때문인데, 국제바칼로레아에서는 '근거가 있으면 그것도 답 중 하나'라고 생각합니다. 그래서 '너의 의견은 뭐야?' '왜?'라는 부분을 중시하고 있습니다."

국제바칼로레아에서 선생님은 학생들을 가르친다기보다 학생들과 함께 공부하는 학습자이다. 그래서 수업은 어디까지나 아이들이 주체이다.

아이가 스스로 생각하고 결단을 내려 행동할 수 있는 힘을 키워주는 것이 교육이념이다. 생각하는 힘은 가르치거나 지시하는 것이 아니라 아이에게 생각할 기회를 줌으로써 키울 수 있다.

'생각할 계기'는 어떻게 만들까?

■ 답을 알려주지 말자

아이가 질문을 하면 바로 답을 알려주지 말고 "너는 어떻게 생각해?" "왜 그럴까?"라고 되묻는다. 바로 답을 알아내지 못 해 궁금증이 생기면 이는 아이가 생각할 계기가 된다. 스스로 생각하려 하지 않을 때는 함께 알아보거나 생각해 줌으로써 '배우는 과정'을 경험시켜준다.

■ 질문을 하게 하자

아이가 질문을 많이 하게 하자. 아이가 질문을 하려 들지 않을 때는 부모가 "아빠(엄마)는 이렇게 생각하는데 너는 어떻게 생각해?"라는 식으로 질문해본다. 아이는 부모를 보고 표현 방식을 배운다. 질문이 많은 아이는 부모도 아이에게 질문을 많이 한다는 조사 결과도 있다.

■ 일부러 반론해보자

활발한 토론이나 논의를 위해 '악마의 대변자'라는 역할을 만드는 경우가 있다. 이는 다수파를 상대로 일부러 반론을 하는 역할인데, 아이에게도 사용하면 생각의 깊이를 더할 수 있다. 그러니 아이가 발언을 하면 "그게 진짜야?"라는 식으로 일부러 정반대의 의견을 던져 생각할 계기를 만들어주자.

당연한 것에 반론을 제기해
생각할 계기를 만들어준다

■ 스스로 규칙에 대해 생각해보게 하자

아이가 부모의 말을 듣지 않는 것은 이해가 되지 않았기 때문이다. "○○해"라는 말이 아이에게 먹히지 않을 때는 쿨하게 아이가 생각할 계기로 삼는다. 부모가 바라는 바를 전하면서 찬반에 대해 생각할 기회를 주는 것이다.

예를 들어 게임만 할 때는 "눈이 나빠질까 걱정이야" "○○의 이야기를 들을 시간이 줄어서 슬퍼"라고 부모의 마음을 전하면서 아이에게 네가 생각하는 게임의 장점과 단점이 무엇이냐고 묻는 것이다.

그런 다음 어떤 규칙이 좋을지 스스로 생각하게 한다. 이 과정은 시간이 걸리지만 강제로 못하게 하기보다 아이를 이해시킨 다음 규칙을 정하면 행동의 변화를 끌어내기 쉽다.

METHOD 23

실패를 성공의 어머니로 만들기

- 믿고 스스로 다시 일어서게 한다

에디슨은 "나는 실패하지 않았다. 단지 효과가 없는 10,000가지 방법을 발견했을 뿐이다"라는 명언을 남겼는데, 우리가 살아가는 이 세상의 문명은 선조들의 수많은 시행착오의 산물이다. 그런데 가정과 교육현장에서는 아이들이 실패하고 시행착오를 겪을 기회가 충분이 주어지지 않는다.

도쿄대학에서 '실패학'이라는 새로운 학문 연구에 힘쓴 하타무라 요타로畑村 洋太郎 명예교수에 따르면 좌절을 모르고 평탄하게 살아온 도쿄대생 대다수는 실패를 두려워하는 경향이 있다고 한다. 하타무라 명예교수는 실패를 '백신'에 비유하면서 부모는 아이에게 많은 실패 경험을 시켜 몸과 마음에 '실패'라는 항체를 만들어주어야 한다고 주장했다.

'실패'를 '성공'의 어머니로 만드는 방법은 무엇일까?

■ 부모가 앞서나가지 말자

아이의 실패를 걱정해 부모가 나서서 장애물을 없애거나 실패로부터 보호하려는 부모를 '헬리콥터 부모'라고 부른다. 이런 부모들은 아이를 무기력하게 만들 수 있다.

미국의 메리워싱턴대학University of Mary Washington이 2013년에 실시한 조사에서는 헬리콥터 부모 손에 자란 대학생은 우울증에 걸리기 쉽다는 연구 보고가 있었다.

하타무라 명예교수는 “실패는 길을 돌아가는 것처럼 보이지만, 거기서 답을 찾아가는 방식이야말로 어떤 상황에도 유연하게 대응할 수 있는 진짜 힘을 키워준다”고 말한다.

■ 실패담을 들려주자

아이가 실패나 주위의 시선을 두려워하지 않게 하려면 부모도 어떤 실패를 해왔고 어떻게 극복했는지에 대해 아이에게 이야기해주는 것이 효과적이다. 실패담을 웃으며 넘기는 여유를 보여주면 아이는 실패를 두려워하지 않게 된다.

■ 목표는 스스로 정하게 하자

좋아하는 것이나 흥미가 있는 것에 대해 스스로 달성 목표를 정하면 아이는 도중에 실패해도 다시 목표를 위해 열심히 노력해야겠다고 마음먹는다.

■ 더 열심히 하라고 하지 말자

실패했을 때 가장 힘든 사람은 아이 자신이다. 이때 “더 열심히 해”라고 하면 아이를 더욱더 힘들게 할 뿐이다.

하타무라 명예교수는 "부모가 할 수 있는 것은 맛있는 음식을 먹여 물리적으로 에너지를 회복시켜 주고 아이를 믿고 지켜봐 주는 것이다"라고 말한다.

■ 실패 = 개선할 기회라고 일깨워주자

발달심리학자이자 스탠퍼드대학Stanford University 캐롤 드웩Carol S. Dweck 교수는 "실패를 개선할 기회로 받아들일 수 있는 사람은 실패해도 포기하지 않고 끈기 있게 계속 도전할 수 있다"고 말한다. 아이를 재능과 결과로 평가하지 말고 계속 도전하는 과정을 칭찬해 아이 스스로 '아직 못하지만 노력하면 꼭 할 수 있게 될 거야!'라고 생각할 수 있도록 용기를 준다.

■ 되돌아보는 버릇을 들여주자

드웩 교수가 실시한 실험에서는 아이에게 "더 좋은 방법이 있었을까?"라고 물어 보면 아이는 자기 나름대로 개선점에 대해 생각하고 다음에 더 노력하는 것으로 나타났다.

하타무라 명예교수도 아이가 실패했을 때 다음에는 이렇게 하면 잘 될 거라는 '정답'이 아니라 실패할 때까지의 '과정'을 상기시킨 다음 '왜 실패했을까?' 이유를 생각하는 시간을 갖게 해야 한다고 말한다.

실패했을 때는 이유를 생각하게 한다

사고력

METHOD 24

깊이 파고드는 의욕 키우기

- 결과보다 과정에 주목한다

도쿄대학 고대연계(고등학교와 대학교가 연계해 실시하는 교육 활동) 추진 부문의 심리학자 시로미즈 하지메白水 始 교수는 시행착오를 하면서 배우는 힘은 누구에게나 있다고 말한다. 하지만 아이들이 성적에 대해서만 칭찬을 받으면 오히려 배우고자 하는 의욕이 꺾인다고 한다.

아이는 단순히 좋아서 열심히 하는 것인데, 열심히 한 과정에 관해서는 이야기하지 않고 결과만 칭찬을 받거나 거기다 선물까지 받게 되면 '점수밖에는 보지 않는구나' '내가 한 건 선물을 받기 위해서였나?'라고 생각하게 되어 좋아해서 열심히 하려는 마음이 줄어든다고 한다.

컬럼비아대학Columbia University 클라우디어 뮐러Claudia M. Mueller 교수팀이 한 공립초등학교 학생들을 대상으로 실시한 '칭찬하는 법' 실험에서도 아이들의 타고난 능력(=좋은 머리)을 칭찬하면 아이들은 의욕을 잃고 성적이 떨어지는 것으로 나타났다.

시로미즈 교수는 "부모가 (점수 등) 결과에만 관심 갖지 말고 열심히 한 과정이나 아이들의 방식에 관심을 보이는 것이 중요하다"고 말한다.

부모가 아이의 생각에 대해 관심을 갖고 더 자세히 묻거나 재미있는 아이디어나 문제를 푸는 방식에 관심을 보이면 아이는 더 깊이 파고들어야겠다고 생각하게 된다.

'깊이 파고드는 의욕'은 어떻게 자극할까?

■ 무엇이든 발전으로 받아들이자

학습이란 '지금까지 몰랐던 것을 알게 되는 것'이라고 심플하게 생각하면 실패도 성장하는 과정이라고 여겨질 것이다.

결과가 좋지 않을 때는 무엇이 부족했고 무엇이 문제였는지 함께 되돌아보며 "알게 되어서 다행이야" "봐, 한 뼘 더 성장했잖아"라고 말해주면 아이의 자존심에 상처를 주지 않으면서 성장하게 할 수 있다.

■ 아이에게 질문하자

"왜 그렇다고 생각해?" "너는 어떻게 생각해?" 등 다양한 질문을 많이 하자. 아이는 질문을 통해 자신의 이해가 부족하다는 사실을 깨닫기도 하고 알고 싶은 것, 하고 싶은 것이 무엇인지 스스로 생각하게 된다.

단 질문할 때는 결과를 추궁하는 듯한 말투가 되지 않도록 주의한다(p.107 'METHOD 21 열린 질문 참조하기' 참조).

스스로 생각하게 한다

■ 부모가 좋아하는 분야와 이야기를 섞어보자

아이가 무언가를 열심히 할 때는 부모가 자신 있는 분야나 좋아하는 분야의 이야기를 섞어서 이야기해본다. 대화의 내용은 아이의 관심사가 아니라도 좋다.

다양한 이야기로 시야를 넓혀주면 아이는 머릿속에서 이야기들을 이리저리 조합하면서 유연한 사고력을 갖게 된다.

■ 전문가의 말을 들려주자

부모라고 모든 면에서 아이보다 많이 알아야 하는 것은 아니다. "약은 약사에게 진료는 의사에게"라는 말처럼 부모가 대답할 수 없는 것은 전문가에게 이야기를 듣는 것이 아이를 위해서도 좋다. 아이가 관심을 두는 분야가 있으면 주위에서 전문가를 찾아 아이가 만날 수 있는 기회를 만든다.

지금은 SNS를 통해 적극적으로 정보를 알리거나 일반인들과 교류하는 연구자와 전문가도 많다. 아이를 위해 그러한 사람들에게 트위터나 페이스북, 인스타그램 등을 이용해 질문을 할 수도 있다.

NHK 라디오1의 〈어린이과학전화상담〉에서는 아이들의 다양하고 소박한 질문에 전문가들이 직접 답변하고 있고, 방송 내용은 책으로도 나와 있다. 그런 프로그램이나 책을 통해 전문가들의 말을 접하는 것도 아이의 지적 호기심을 자극한다.

METHOD 25

아날로그 게임으로 놀기

- 열중하는 사이 머리를 쓴다

요즘 부모들에게는 아이가 온종일 유튜브만 보거나 온라인 게임에 빠져 있는 일이 가장 고민스러운 문제일 것이다. 그래서 최근 다시 주목받고 있는 것이 바로 카드게임이나 보드게임과 같은 아날로그 게임이다.

아이가 놀라울 정도로 열중할 뿐 아니라 대화를 통해 커뮤니케이션 능력도 생긴다. 상황을 정리해 분석하거나 작전을 짜서 어떻게 치고 나갈지 생각하고 상대의 심리를 읽다 보면 머리를 쓰는 훈련도 된다. 승패가 나면 끝난다는 점도 장점이다.

카드게임이나 보드게임에는 아이는 물론 어른도 함께 즐길 수 있는 것이 많고 아이, 부모, 할아버지 할머니까지 3대가 함께 즐길 수 있는 것도 있다.

게임을 교육 등 사회문제 해결에 활용하기 위한 연구를 하고 있는 도쿄대학 대학원 정보학환('다양한 배움을 환형으로 잇는다'라는 뜻의 연구조직)의 후지모토 도루藤本 徹 강사가 추천하는 인기 있는 아날로그 게임을 난이도가 낮은 순서대로 소개한다.

'아날로그 게임', 어떤 것이 좋을까?

■ 다빈치 코드

일본의 산수올림피아드위원회와 수학올림피아드 우승자인 피터 프랑클Peter Frankl 팀이 공동으로 개발한 것으로, 상대 카드의 숫자를 추리해 맞히는 게임이다.

0~11의 숫자가 적힌 흑백카드 각 12장, 총 24장의 카드를 사용한다. 각 플레이어는 자신이 가지고 있는 카드를 숫자가 작은 순서대로 왼쪽에서부터 안 보이게 놓는 것이 룰이며, 상대의 숫자를 모두 맞히는 사람이 이기는 게임이다. 추리력과 논리력을 키울 수 있다.

■ 난자몬자

규칙은 간단하지만 기억력이 중요한 게임이다. 러시아에서 태어난 유머러스하고 신비한 생물 '난자몬자'12종류의 카드를 뒤집어 한 마리씩 이름을 붙여가고, 같은 카드가 나오면 재빨리 이름을 기억해내 "콜!"이라고 외치면 된다.

웃음이 터져 나오는 이상한 이름을 붙이기도 하고 기억하기 어려운 복잡한 이름을 붙이기도 하면서 어린아이부터 어른까지 폭넓은 세대가 함께 즐길 수 있다.

■ 블로커스(Blokus)

프랑스에서 만들어진 땅따먹기 게임으로, 파리 토이그랑프리Grand Prix du Jouet, 칸느 국제토이페스타Super As d'Or, 일본굿토이 등 수많은 상을 받았다. 플레이어는 파랑, 노랑, 빨강, 파랑으로 나뉘어 각자 자신의 블록을 보드에 하나씩 놓는다. 자기 블록끼리 꼭지점에서 만나는 곳에만 블록을 놓을 수 있다(변으로 만나는 곳에는 둘 수 없다). 승패는 블록을 둔 칸의 수로 결정된다.

둔 블록의 수를 겨루는 게임
규칙이 간단해서 아이와 함께 가볍게 즐길 수 있다

■ 젠가

직육면체의 블록 탑을 쌓아놓고 플레이어가 순서대로 하나씩 블록을 한 손으로 뺀 다음 탑 위에 다시 올려놓는 것이 룰이며, 탑을 무너뜨린 사람이 지는 게임이다. 이 게임도 규칙이 매우 심플해 쉽게 할 수 있어 어린아이도 함께 즐기기에 제격이다.

■ 어디서든 도라에몽 일본여행 게임5

도라에몽 지도 주사위 게임으로 각 지역의 지명과 위치, 이동수단, 특산품 등 지리는 물론 돈 계산도 해야 해서 아이들이 흥미를 가지고 게임을 즐기는 사이 자연스럽게 지식을 넓힐 수 있다. 세계여행과 우주여행 게임도 있어 다양하게 즐길 수 있는 보드게임이다.

■ 모노폴리

땅이나 철도를 사서 집이나 호텔을 지어 자산을 늘려가는 보드게임으로, 80년 이상의 역사를 자랑하며 세계 선수권도 열릴 정도로 전 세계적으로 사랑받는 인기 있는 게임이다.

모노폴리는 영어로 '독점'이라는 뜻으로, 다른 플레이어를 모두 파산시킨 사람이 이기는 방식이다. 가족이 함께 즐기면서 부모가 아이를 상대로 진지하게 협상하는 등 아이의 협상력과 판단력, 계획성 등을 키워줄 수 있다.

■ 카탄

이 게임도 전 세계적으로 크게 히트를 친 독일의 땅따먹기 게임이다. 블로커스처럼 수많은 수상 경력을 지녔다.

무인도를 무대로 집을 짓고 자원을 획득한 다음, 획득한 자원으로 땅을 늘려가는 방식이다. 지도를 2조 가지로 바꿀 수 있어 매번 변화무쌍한 게임을 즐길 수 있는 점이 특징이다.

자원을 플레이어끼리 교환하기 때문에 서로에게 이익이 되는 관계로 끌어가는 협상력이 중요하다.

METHOD 26

금전 감각 키우기

- 자기 관리를 경험하게 한다

미국에서는 여름철이 되면 아이들이 자기 집 정원에서 레모네이드를 만들어 팔아 돈을 버는 '레모네이드 스탠드'를 쉽게 볼 수 있다. 스스로 돈을 어떻게 벌고, 번 돈을 쓸지 아니면 저축할지 고민하며 학교나 자선단체에 기부하기도 한다.

이렇게 학생 때부터 돈을 어떻게 불리는지 등과 같은 문제에 적극적으로 관심을 갖고 고등학교에서는 금융과 투자에 대해 가르치는 수업도 있다고 한다.

세계적으로 유명한 투자가인 워런 버핏은 "어릴 적 금융습관이 평생 간다"며 금융 감각 없이는 성공한 창업자가 될 수 없다고 말했다.

일본에서도 노후 자금이 화제가 된 바 있는데 앞으로는 지금까지 이상으로 스스로 자신의 돈을 지키고 불려 미래를 대비해야 하는 시기가 될 것이다.

이렇듯 어릴 때부터 금전 감각을 키워주는 것은 아이의 미래에 꼭 필요한 힘이 될 것이다.

'금전 감각'은 어떻게 키울 수 있을까?

■ 용돈 교육 5가지를 가르치자

재무 설계자이자 어린이 금전교육 전문 NPO법인 '머니 스프라우트Money Sprout'의 설립자인 하다노 히로코羽田野 博子 씨는 아이들의 금전 감각을 키워줄 '용돈 교육 5가지'를 주장한다. 히로코 씨는 다음의 5가지 마음가짐을 어릴 때부터 갖게 하는 것이 중요하다고 강조한다.

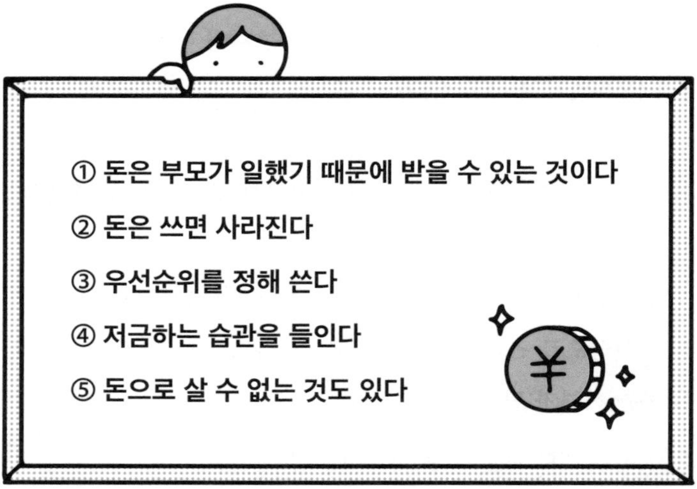

아이에게 가르쳐야 할 용돈 교육 5가지

■ 1,000원으로 물건 사는 연습을 하게 하자

하다노 씨는 한정된 예산 안에서 무엇을 살 수 있는지 고민해 예산을 꾸려나가는 연습을 추천한다. 함께 물건을 사러 가서 용돈과는 별도로 "사고 싶은 거 있으면 사"라며 1,000원을 아이의 손에 쥐어준다.

■ '필요한 것'인지 '갖고 싶은 것인지' 생각해보게 하자

금전 감각에서 중요한 것이 바로 돈 쓰는 법이다. 먼저 용돈으로 꾸려나가는 경험을 시킨다. 하다노 씨는 아이가 물건을 살 때는 '필요한 것'인지 '필요하지 않지만 갖고 싶은 것'인지 구분하게 하고, 학년이 올라갈수록 문구 등 필수품도 용돈에서 사게 하면 우선순위를 정해 돈 쓰는 법을 배울 수 있다고 말한다.

■ 지갑을 사용하게 하자

하다노 씨는 용돈은 아이 지갑에 넣어 주고 세뱃돈처럼 조금 큰돈을 받았을 때는 아이의 통장에 예금해주라고 조언한다.

2015년도 조사에서 초등학생의 용돈 평균은 "한 달에 한 번 500엔(약 5300원)"이라는 답변이 가장 많았다(일본금융홍보중앙위원회). 가능하면 '용돈기입장'을 마련해 무엇을 샀고 얼마나 썼는지 기록하게 한다.

물건을 잃어버렸을 때는 용돈으로 다시 사고, 용돈으로 부족할 때는 아이가 저금한 돈으로 사게 하는 것이 좋다고 한다. 물건을 소중히 하지 않으면 돈이 계속 없어진다는 것을 실감할 수 있게 되어 자기 물건에 대한 책임감을 키울 수 있기 때문이다.

■ 어떻게 쓰든 간섭하지 말자

아이가 앞뒤 생각 안 하고 돈을 쓰더라도 간섭하지 않는다. 돈은 쓰면 없어진다는 조금은 쓴 경험을 하면 '돈을 쓸 때는 잘 생각하고, 때로는 참는 것도 중요하다'는 교훈을 얻게 된다.

METHOD 27

그릿 키우기

- 노력과 열정이 모든 걸 말해준다

그릿Grit이란 목표에 계속 흥미를 가지고 어려움과 좌절 속에서도 포기하지 않고 계속 노력할 수 있는 힘, 즉 '끝까지 해내는 힘'을 말한다. 미교육부가 21세기 교육에서 가장 중요한 과제로 내걸었으며 버락 오바마 전 대통령과 마이크로소프트사의 빌 게이츠, 페이스북의 마크 저커버그를 비롯해 각계 인사들이 이 '그릿'을 중요하게 보고 있다.

그릿 연구의 일인자이자 펜실베니아대학University of Pennsylvania 앤젤라 더크워스Angela Duckworth 교수는 사람이 위업을 달성하기 위해서는 재능보다 그릿이 중요하다는 것을 과학적으로 입증했다.

그릿 측정법을 독자적으로 개발해 확인한 결과, 사회적으로 활발하게 활동 중인 사람들은 그 수치가 높았다고 한다. 그릿이 강한 사람은 자신이 해야 할 일을 끝까지 해내는 경향이 있고, 그릿이 행복감과 건강과도 비례하는 것으로 나타났다.

그릿의 강도는 유전적인 영향도 있지만, 더크워스 교수는 "그릿은 키울 수 있는 능력이다"라고 말한다(『그릿』 | 앤절라 더크워스 저 | 비즈니스북스 | 2019.2.20.).

'그릿'은 어떻게 키워야 할까?

■ 좋아하는 것을 찾자

더크워스 교수는 "한 분야의 달인도 처음에는 초보자였다. 그러니 처음부터 필사적으로 노력하지 말고 즐기면서 하는 것이 가장 중요하다"라고 강조한다.

미국의 교육심리학자인 벤저민 블룸Benjamin S. Bloom 박사의 연구에서도 무엇이든 처음 배울 때는 친절하고 세심한 지도자를 만나는 것이 중요하며, 위압적이고 너무 엄격한 부모나 교사는 아이들의 의욕을 꺾는 것으로 나타났다.

먼저 아이가 어떤 것에 열정을 느끼는지, 흥미의 대상이 무엇인지 찬찬히 관찰부터 하자(p.100 'METHOD 19 좋아하는 것 찾기' 참조).

■ 목표는 조금 높게 잡자

열정을 쏟을 대상을 찾았다면 목표를 조금 높게 잡고 이를 달성하기 위한 연습을 해야 한다. 이때 가능하면 매일 같은 시간 같은 곳에서 연습하게 한다. 좋아하는 것을 아직 찾지 못했다면 숙제나 운동의 목표를 조금 높게 잡고 매일 연습하다 보면 근면함이 생긴다.

심리학자이자 휴스턴대학University of Houston 로버트 아이젠버거Robert Eisenberger 교수는 자신의 연구에서 근면함은 연습을 통해 기를 수 있으며, 어려운 것을 열심히 하다 보면 다른 어려운 것도 열심히 할 수 있게 된다는 결론을 내렸다.

어려운 것을 열심히 하면
다른 것도 열심히 할 수 있게 된다

■ 쉽게 포기하지 말자

'선생님한테 크게 혼났다' '시합에서 졌다' '아침 훈련이 힘들다' 등과 같은 일시적인 감정에 휩쓸리지 말고 시작한 것은 일단락지어질 때까지 열심히 한다.

■ 부모가 모범을 보이자

블룸 박사가 세계적인 운동선수나 예술가를 대상으로 실시한 연구에서는 부모가 아이들에게 '노력하는 모범'을 보인 것으로 나타났다.

더크워스 교수는 부모도 힘든 목표를 세우고 그 목표를 위해 얼마나 열정을 가지고 끈기 있게 노력하는지 그리고 아이가 자신을 롤모델로 삼고 싶어지는 훈육을 하고 있는지 자문해 봐야 한다고 말한다.

■ 좋은 칭찬법으로 칭찬하자

타고난 재능이나 결과, 성적을 평가하기보다 노력하는 과정을 칭찬하거나 "조금 더 시간을 들이면 할 수 있게 될 거야"라며 포기하지 않도록 격려하는 것이 노력할 수 있는 능력을 키워준다 (p.314 'METHOD 76 칭찬하기' 참조).

■ 가족의 그릿을 끌어올리자

그릿이 강한 사람들과 생활하면 자연스럽게 연대감이나 공동체 의식을 갖게 된다. 더크워스 교수의 가정에서는 가족 모두 각자 힘든 일에 도전하며 끈기를 가지고 노력하고 있다고 한다. 이렇게 그릿은 집단의 힘으로도 키울 수 있다.

METHOD 28

남자아이 대하는 법 & 여자아이 대하는 법

- 각각의 특징을 알고 능력을 키워준다

인간의 뇌에는 우뇌와 좌뇌가 있다. 좌뇌는 주로 언어 능력이나 논리적인 사고를 담당하고 분석적인 역할을 한다. 우뇌는 주로 이미지 인식이나 공간 파악, 직감이나 번뜩이는 아이디어, 상상력을 담당하며 정서적인 역할을 한다.

뇌의 발달에서 보면 남자아이는 남성 호르몬의 영향으로 성장 호르몬이 억제되어 몸과 뇌의 성숙이 일시적으로 억제된다. 이 때문에 남자아이가 여자아이보다 뇌의 성숙이 늦은 것으로 알려져 있다.

여자아이는 좌뇌가 빨리 성숙하고 뇌의 좌우 균형을 맞추기 위해 양쪽 뇌를 잇는 뇌량도 남자아이보다 굵어진다. 한편 남자아이는 여자아이에 비해 좌뇌의 발달이 늦고 우뇌가 발달한다. 그 결과 여자아이는 언어 능력이 뛰어나고 여러 가지 일을 동시에 잘 해낸다, 남자아이는 한 가지 일에 집중하며 도형이나 공간 지각 능력이 뛰어난 경향이 있다.

물론 잘하고 못하고는 개인차가 크지만, 아이들의 경우 이런 남녀의 뇌 발달 차이 때문에 생기는 일도 있다. 각각의 특징을 알아두면 아이의 능력을 무리하지 않고 키워줄 수 있다.

'남자아이 대하는 법'과 '여자아이 대하는 법'은 어떻게 다를까?

■ 남자아이는 말을 많이 시키자

남자아이는 언어 능력을 담당하는 좌뇌의 발달이 여자아이에 비해 늦다. 남자아이 중에는 말을 걸면 언제나 짧게 한 마디 대답뿐이라고 걱정하는 부모들도 있는데, 이는 발달 측면에서 자연스러운 일이다.

남자아이에게는 열린 질문으로 이야기를 많이 시키고 어른은 듣는 역할에 충실한다. 남자아이 교육 전문가인 기타카마쿠라[北鎌倉] 여자학원의 야나기사와 유키오[柳沢幸雄] 학원장은 "하고 싶은 말을 전달할 수 있는 것은 말이 아니라 논리다. 논리를 이해하는 기반을 키워주기 위해서는 아이가 문장을 끝까지 말하게 하는 것이 중요하다"라고 말한다.

■ 여자아이는 자신감을 키워주자

여자아이는 남자아이보다 좌우 뇌가 골고루 발달하기 때문에 여러 가지 일을 동시해 잘 해내는 반면, 실패를 싫어하고 주위의 기대에 부응하기 위해 지나치게 열심히 하는 경향이 있다.

여자아이에게는 집을 어떤 이야기든 할 수 있는 안전한 곳으로 만들어 주고 스몰 스텝으로 성공 경험을 쌓을 수 있도록 해 자신감을 키워준다. 자신감이 충분히 생기면 자신의 한계를 넘어 유연하고 틀에서 벗어난 발상을 할 수 있게 된다.

여자아이는 스몰 스텝으로 자신감을 키워준다

■ 고정관념을 심어주지 말자

남녀공학보다 남자학교나 여자학교가 성적이 좋을 뿐 아니라 할 수 있다는 자신감을 가질 수 있는 자기효능감에도 더 좋은 영향을 준다는 조사 결과가 세계 각지에서 보고되고 있다.

그 근거로 남자는 이과, 여자는 문과라는 선입견을 강요받지 않고 이성의 눈을 신경 쓰지 않으며 좋아하는 학문이나 취미에 몰두할 수 있다는 점 등을 들 수 있다.

남녀의 뇌는 발달 속도의 차이는 있지만 세상의 통설과 달리 그 차이는 아직 분명하게 밝혀지지 않았다. 그러니 "남자아이(여자아이)니까…"라는 말은 삼가고 아이의 개성이 상처받지 않고 성장할 수 있도록 지켜봐 주는 것이 중요하다.

METHOD
29

아이 취급하지 않기

- 아이를 제대로 존중한다

정신건강의학과 의사이자 심리학자였던 알프레드 아들러는 군의관으로 전쟁의 비참함을 경험한 후 상벌이나 질책, 폭력이라는 수단을 쓰지 않고 문제 해결을 고민할 수 있는 사람을 키우고 싶다며 독자적인 교육이론과 요법을 만들었다.

그 기본은 '인간은 모두 평등하며 어른과 아이는 대등하다'라는 생각이다. 아들러는 아이에게 용기를 주어 '나는 능력 있다' '나는 인정받고 있다'고 느낄 수 있는 마음을 키워주려 했다.

■ 아이를 대등하게 대하자

어른이 시키는 대로만 하는 아이는 어른에게 기대는 버릇이 생겨 성장해서도 자립하지 못한다. 아이 취급하지 말고 대등하게 대하면 스스로 생각하고 행동하는 힘을 키울 수 있다.

'아이 취급' 하지 않으려면 어떻게 하면 좋을까?

■ 부모의 문제와 아이의 문제를 분리하자

부모는 아이에게 "절대 ○○가 좋아" "××해야 돼"라는 말을 할 때가 있는데, 이는 부모가 노파심에 아이의 문제에 간섭을 하고 있는 상태라고 아들러는 말한다. 부모의 문제와 아이의 문제는 분리해야 한다. 아이를 위해서라고 하지만 실은 부모가 자기 마음 편하자고 하는 자기기만이라고도 지적한다.

아이의 문제는 아이 스스로 해결해야 한다. 믿고 맡겨 보자. 스스로 해결하면 아이는 자신이 능력 있다고 느끼게 된다.

■ 아이의 생각을 존중하자

아이에게는 어른과는 다른 시각과 어른에게는 없는 발상력이 있어 실제로 아이한테 배울 점이 의외로 많다. 어른이 아이보다 위에 있다는 고정관념을 갖고 있으면 아이의 유연한 사고력을 키워줄 수 없다.

아이의 의견 혹은 생각이라고 진지하게 듣지 않거나 흘려버리지 말고 존중하며 귀를 기울이는 것이 중요하다. 아이가 말을 많이 할 수 있게 차분히 들어 주면 아이는 자신이 인정받고 있다고 느껴 자기 생각에 자신을 가질 수 있게 된다.

■ 말투에 신경 쓰자

아이에게 존대하면 명령하거나 무조건 따르라는 표현을 쓰지 않게 되고 감정적으로 대해 사이가 틀어지는 일이 줄어든다.

■ 부모의 감정부터 잘 다독이자

부모의 감정이 분노, 불안, 걱정 등 부정적인 상태일 때는 아이에게 겁을 주거나 자신의 말을 강요할 수 있다. "몇 번을 말해야 알겠니?" "됐으니까 ○○해" "××한 게 뻔하잖아"라는 식의 명령이나 반론의 여지를 주지 않는 말이 튀어 나와 부모는 위, 아이는 아래라는 일방적인 관계성이 강하게 표출된다.

부모는 자신의 감정이 부정적이라고 생각되면 장소를 바꾸거나 해서 마음을 가라앉힌 다음, '내가 아이 문제에 간섭하고 있는 건 아닌가?' '아이 마음을 더 헤어려줄 수는 없나?'라고 냉정히 생각해본다.

감정이 부정적일 때는
장소를 바꿔 마음을 가라앉힌다

METHOD 30

사고 파고들기

- 디자인 사고를 체험하게 한다

변화무쌍한 미래를 살아갈 아이들에게는 다양한 상황에서 문제를 파고들고 그 순간의 니즈에 맞는 새로운 것은 창출해가는 유연한 사고력이 요구된다. 그래서 요즘 주목받고 있는 것이 바로 '디자인 사고'이다. 디자이너들이 쓰는 방법을 활용한 것으로, 사람들의 일상을 관찰하면서 스스로 문제를 제기하고 해결할 가설을 세운 다음 바로 간단한 샘플을 만들어 감상과 의견을 들으면서 개선해가는 신속한 제작 방식이다.

디자인 사고로 태어난 것 중 하나가 바로 iPod이다. 사람들이 어떻게 음악을 듣는지 관찰한 결과 '모든 음악을 주머니에 넣고 다닌다'라는 콘셉트가 잡혔고, 여러 번의 샘플 작업을 통해 세계적인 히트 상품이 탄생했다.

이 디자인 사고를 아이들에게 체험시키는 큐리오 스쿨Curio School의 대표 니시야마 게이타西山 恵太 씨는 아이는 디자인 사고를 체험함으로써 '답이 없는 것은 당연하다' '답은 스스로 만들어내는 것이다'라는 마인드를 갖게 된다고 강조한다.

우리 주변에서 흔히 볼 수 있는 것으로 호기심을 자극하고 질문을 던져 주기만 해도 아이들은 다양한 아이디어를 내놓는다.

다양한 열린 질문과 대화를 통해 사고를 파고들어 가면 스스로 답을 찾는 힘이 자라난다.

'사고 파고들기'는 어떻게 하면 좋을까?

■ 주변에서 대상을 찾자

사고를 파고들려면 '대상'이 필요하다. 아이가 스스로 대상을 생각해내지 못할 때는 어른이 대신 생각해준다. 편의점에 진열된 다양한 패트병의 형태, 거리에서 마주치는 기업 로고 등 동네 산책만 해도 다양한 대상을 발견할 수 있다.

니시야미 씨는 아이에게 "누구를 위해 이게 만들어졌을까?" "어떤 의미가 있을까?"라는 식으로 문제를 던지기만 해도 아이는 혼자서 사고를 깊이 파고들 수 있다고 말한다.

거리에서 눈에 보이는 다양한 것을
생각하는 재료로 삼는다

■ 아이디어는 아이 스스로 생각하게 하자

아이들은 항상 정답을 알고 싶어 한다. 아이가 정답을 물으면 "아빠(엄마)도 모르겠는데 왜일까?"라며 공감한 후 "다른 방법은 없어?"라고 물어봐 주면 아이는 스스로 알아보거나 고민하면서 제힘으로 아이디어를 생각하게 된다.

■ 아이디어를 가시화하자

디자인 사고에서 중요한 과정은 '샘플 만들기'이다. 사고를 파고들어 나온 아이디어의 출발점으로 로고나 마크를 만들어보는 등 간단한 스케치나 공작을 통해 아이의 아이디어를 가시화하면 생각하는 힘과 상상력이 커진다.

■ 표현을 바꿔 확인하자

아이의 아이디어나 발언이 핀트가 안 맞는다고 생각되어도 부정하지 말고 그대로 받아준다. 아이들은 한 번 부정당하면 그 다음부터는 편하게 발언을 하지 못하게 되기 때문이다. 대신 "그건 이런 이야기야?"라고 표현을 바꿔 물어본다.

니시야마 씨는 아이의 생각이 빗나간 것 같아도 표현력이 부족할 뿐 본질적으로는 맞는 경우가 종종 있다고 지적한다. "그건 틀렸어" "이게 맞아"라고 말하면 편하겠지만, 표현을 바꿔 확인해주면 생각을 더 깊게 할 뿐 아니라 어휘나 표현을 풍부하게 하는 효과도 있다.

★ 아이 진로 교육 Tip! ★

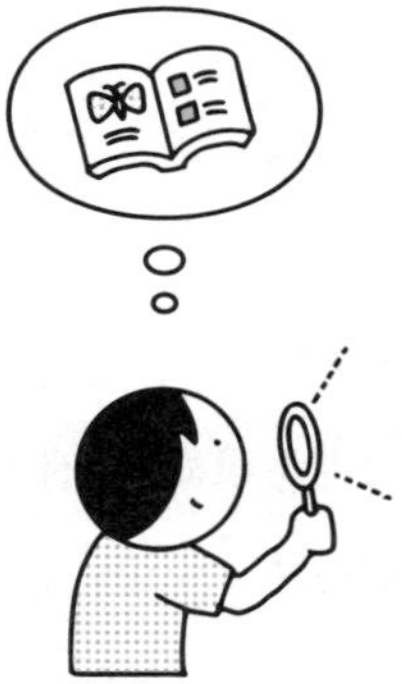

스스로 문제를 찾고 익숙한 것에서도 새로운 깨달음을 얻을 수 있게 관찰력을 키워주세요.

'자신만의 정답'을 생각하도록 평소 자주 아이에게 질문하고, 아이의 답에 반론을 제시해 보세요.

더 알고 싶은 열정과 더욱더 잘하고 싶은 노력을 쏟도록 아이가 좋아하는 것을 찾게 도와주세요.

SECTION 3

자존감을 키우려면?

변화에 강한 '꺾이지 않는 마음'을 만든다

SELF-ESTEEM

METHOD 31

양질의 수면 취하기

- 요즘 아이들은 잠이 부족하다

임상신경심리학자이자 조지워싱턴대학George Washington University 윌리엄 스틱스러드William Stixrud 교수에 따르면 수면에는 치유 효과가 있다고 한다.

자는 동안에는 깨어 있을 때 경험한 힘든 감정이 가라앉는데, 이는 스트레스에 관련된 신경화학물질이 뇌에서 사라지기 때문이다. 아침에 일어나면 머리가 가벼워진 느낌이 드는 것은 과학적으로 근거가 있는 것이다. 충분한 수면을 취하면 뇌가 회복되어 사고와 행동을 컨트롤할 수 있게 된다.

반면 소아청소년과 의사이자 분쿄대학Bunkyo University 교육학부의 나리타 나오코成田 奈緒子 교수와 임상심리사인 가미오카 유지上岡 勇二 씨는 "아이가 화를 잘 내거나 부담이나 스트레스, 불안에 약하다면 수면 부족이 원인일 수 있다"고 지적한다.

좋은 수면은 신체의 성장과 학력 향상을 위해서뿐 아니라 마음의 안정을 위해서도 매우 중요하다(p.345 'METHOD 85 일찍 자고 일찍 일어나기' 참조).

'양질의 수면'을 취하게 하려면 어떻게 해야 할까?

■ 아이의 이상적인 수면 시간은?

미국립수면재단에 따르면 아이들의 이상적인 평균 수면 시간은 3~5세는 10~13시간, 6~13세는 9~11시간이다.

이에 대해 에도가와대학Edogawa University 수면연구소 소장인 후쿠다 가즈히코福田 一彦 교수는 일본 어린이들의 수면 시간은 전 세계적으로 짧은 편에 속하는데, 그 주된 요인은 자는 시간이 늦기 때문이라고 밝혔다.

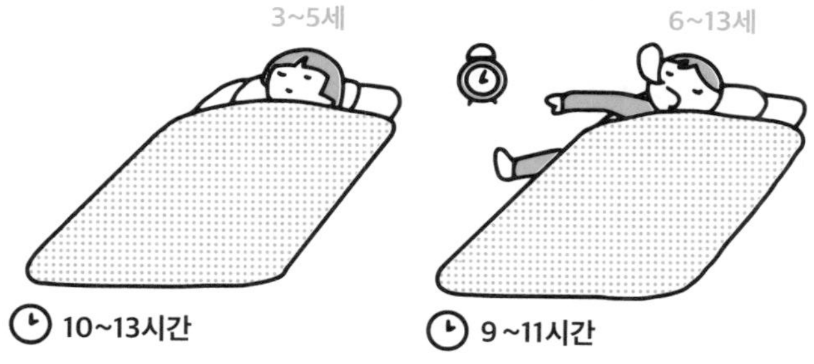

일찍 재워 충분한 수면 시간을 확보한다

■ 목욕은 잠들기 90분 전에 꼭 하자

정신의학자이자 스탠포드대학 니시노 세이지西野 精治 교수에 따르면 사람은 잠이 올 때 신체 내부 기관의 온도인 '심부체온'이 떨어지는 특징이 있다고 한다. 잠들기 90분 전에 목욕을 하면 잠들 때쯤 체온이 적당히 떨어져 잠이 잘 온다고 한다.

■ 잠들기 직전 식사는 NG!

자는 사이에도 위는 소화 활동을 계속한다. 식사 후 위가 음식을 소화시키는 데까지 약 3시간 정도 걸리기 때문에 가능한 한 자기 3시간 전까지 식사를 마치도록 한다.

■ 아침 햇볕을 쬐자

수면 호르몬인 '멜라토닌'은 뇌에서 분비되는 호르몬인데, 이 호르몬의 작용으로 사람들은 졸음이 와서 자연스럽게 잠들 수 있다. 멜라토닌은 아침의 빛에 의해 분비가 억제되고 밤의 어두운 환경 속에서 분비가 활발해진다.

아침에 일어나 바로 커튼을 젖히고 아침 햇볕을 쬐면 호르몬의 분비가 억제되고, 반대로 밤에는 호르몬의 분비를 촉진시키기 위해 빛을 피한다.

■ 전자기기는 자기 1시간 전부터 멀리 하자

자기 전에 블루라이트에 노출되면 양질의 수면에 필요한 멜라토닌이 잘 분비되지 않는다. 저녁 식사 후에는 전자기기를 끄고 방을 어둡게 해 눈으로 들어오는 빛의 양을 줄인다.

■ 쉬는 날 몰아서 자지 말자

후쿠다 교수는 "평일에는 일찍 자고 일찍 일어나다가 주말에는 늦잠을 자면 시차 적응이 안 됐을 때처럼 뇌가 위축되거나 반응 시간과 정답률 저하 등의 폐해가 나타난다는 데이터가 있다"고 지적한다.

일본 문부과학성이 전국의 중학생을 대상으로 '평일과 휴일의 기상 시간이 2시간 이상 차이 나는 빈도'와 '짜증 유무'의 관계에 대해 조사한 결과, 차이가 많이 나는 학생일수록 짜증이 많고 차이가 적을수록 짜증이 많지 않은 것으로 나타났다.

이렇듯 평일과 휴일의 기상 시간 차이는 정신 상태에 안 좋은 영향을 미친다. 후쿠다 교수는 "주말에는 아침 늦게까지 부족한 잠을 몰아서 자고 싶겠지만, 평일과 휴일의 기상 시간의 차이는 가능하면 1시간 이내로 좁히는 것이 좋다"라고 조언한다.

METHOD 32

다양한 시각 키우기

- 하나의 정답만 고집하지 않는다

어린이들은 연령이 높아질수록 자존감이 떨어지고 고등학생이 됐을 때는 매우 낮아지는 경우가 많다.

소아과 의사이자 오차노미즈여자대학Ochanomizu University 사카키하라 요이치榊原 洋一 명예교수는 그 원인 중 하나로 입시에서 많이 볼 수 있는 '닫힌 질문(해답 범위가 제한된 질문)'과 '이에 근거한 평가'를 이야기한다.

여기에 정답 하나만을 찾는 공부를 반복하다 보면 아이들은 자기가 못 하는 것에만 눈이 가게 된다고도 지적한다.

신경과학자이자 호주 시드니대학The University of Sydney 앨런 스나이더Allan W.Snyder 교수의 연구에서는 전 세계의 운동선수와 정치인 등을 조사한 결과, 어느 분야든 정상에 있는 사람들은 다각적으로 사물을 보려 하는 것으로 나타났다.

이처럼 아이들에게도 '정답은 하나다'라는 강박에서 벗어나게 해 유연하게 생각할 자유를 주어야 한다.

'다양한 시각'은 어떻게 키울까?

■ 안심하고 발언할 수 있는 가정을 만들자

가정을 아이가 안심할 수 있는 곳으로 만들어야 한다. 안심이란 자신의 의견을 주저하지 않고 말할 수 있는 상태를 말한다.

아이가 '틀리는 거 아니야?' '바보 취급 당하는 거 아니야?' '부정 당하는 거 아니야?'라고 느끼지 않고 자유롭게 발언하고 편하게 질문이나 반론을 할 수 있는 분위기를 만들자(p.164 'METHOD 36 무슨 말이든 할 수 있는 환경 만들기' 참조).

■ '답'이 여러 개인 것을 경험하게 하자

예를 들어 요리를 하면 정답이 하나가 아니라는 체험이 가능하다. 레시피를 검색해보면 같은 음식도 만드는 방법이 다양하고 그 방법에 따라 맛의 깊이나 풍미에 차이가 있다는 것을 알 수 있다.

또 요리를 하다 보면 생각지 못한 해프닝이 일어나기도 하는데 그때마다 유연하게 대응하거나 시행착오 등도 하는 경험을 할 수 있다.

식물이나 동물을 기르는 것도 이런 경험을 하기에 좋다. 독서나 영화, 예술 감상, 일상의 뉴스 등도 가족들끼리 서로 다르게 느끼는 점을 공유하면 다양한 시각이 있다는 것을 실감하기에 좋은 소재들이다.

아이와 함께 다양한
'답이 없는 체험'을 하고
서로 다르게 느낀 점을 공유한다

■ 다양한 삶을 들여다보자

아이와 함께 다양한 사람들과 만날 기회를 가지면 인생을 즐기는 법이나 일의 보람, 실패 경험과 극복담 등 다양한 인생관을 접할 수 있다.

위인의 전기를 함께 읽는 것도 좋은 방법이다. 역사에 이름을 남긴 사람들은 기존의 상식에 의문을 품고 많은 실패를 거듭하면서 주위로부터 이해받지 못하거나 때론 무시를 당하면서도 위대한 발명이나 발견을 한 사람들이다. 이러한 사람들이 남긴 삶의 궤적을 보면 사고방식이 유연해지고 정답이냐 아니냐로 평가받지 않는 넓은 세상이 보이기 시작한다.

■ 부모도 상식의 업데이트가 필요함을 명심하자

부모도 자신이 옳다고 믿어 온 것들에 대해 정말로 옳은지 조금은 냉정하게 들여다볼 필요가 있다. 과학이나 역사의 세계에서는 예전에는 상식이었던 것이 지금은 잘못된 것으로 드러난 경우도 있다.

인터넷을 통해 전 세계 거의 모든 정보를 수집할 수 있는 요즘에는 아이들이 오히려 새로운 상식을 더 많이 알고 있는 경우도 많다. 부모도 신문이나 책을 보면서 공부해 지금까지의 착각이나 고정관념을 업데이트해야 한다.

METHOD

33

자제심 키우기

- 스스로를 제어하는 기술을 가르친다

아이가 짜증을 내거나 떼를 쓰고 감정이나 몸을 잘 컨트롤하지 못하는 것은 뇌 구조에 원인이 있다. 정신과 의사이자 미국 캘리포니아대학 로스앤젤레스 캠퍼스UCLA 다니엘 J. 시겔Daniel J. Siegel 임상교수는 공저인 『자존감을 높여주는 육아법』에서 어린이의 발육 중인 뇌를 '건설 중인 2층집'에 비유하고 있다.

1층은 뇌의 상당히 원시적인 부분으로 강한 감정이나 본능, 소화나 호흡 등 기본 기능을 포함한 기초적인 활동을 담당한다. 이에 반해 2층은 계획을 세우거나 복잡한 문제를 생각하고 상상력을 발휘하는 등 사고와 감정의 컨트롤이라는 고차원의 기능을 담당하는 부분이다.

시겔 교수에 따르면 뇌의 1층은 태어날 때부터 이미 상당히 발달해 있지만 2층은 시간을 들여 발달되는데, 건설이 끝나는 시기는 20대 중반이라고 한다.

즉 아이의 2층 뇌는 아직 완성과는 거리가 멀기 때문에 감정과 몸의 컨트롤을 잘 못 하는 것은 당연하다. 발달기에 2층 뇌를 잘 키워 강하게 해주면 자신의 감정을 이해하고 안정적인 인생을 보낼 수 있는 스킬을 기를 수 있다.

'자제심'을 키우는 방법에는 무엇이 있을까?

■ 손으로 뇌를 만들어보자

시겔 교수는 주먹을 사람의 뇌에 비유해 아이에게 '2층집의 뇌 구조'를 이해시킬 것을 추천한다.

이성(네 손가락)이 감정(엄지)를 누르고 있는 상태	이성을 잃어 감정을 억제할 수 없게 된 상태	다시 이성이 감정을 눌러 진정된 상태

주먹을 이용해 뇌 구조를 설명해준다

① 엄지를 안쪽으로 접어 주먹 쥐기

주먹을 자신의 뇌에 비유해보자. 주먹 쥔 손을 살짝 풀면 엄지가 보인다. 그 주변이 뇌의 1층이다. 짜증이 나서 버럭 화를 내거나 기뻐서 흥분하고 슬퍼서 풀이 죽었을 때와 같은 강한 감정은 이 1층 부분에서 생겨난다.

2층 뇌는 나머지 네 손가락 부분으로, 강한 감정으로 흐트러진 마음을 "괜찮아" "진정해"라고 다독인다.

② 네 손가락 쫙 펴기

①에서 쥔 주먹을 풀고 네 손가락을 쫙 펴본다. 2층 뇌가 1층 뇌의 흐트러진 심경을 도와줄 수 없는 상태이다. 싫은 일, 괴로운 일이 생겨 소리치거나 몸부림을 치게 되는 순간의 뇌는 이런 느낌이다.

③ 다시 네 손가락을 천천히 구부려 엄지 쥐기

2층 뇌가 1층 뇌의 강한 감정을 눌러 마음이 차분해지는 것을 실감한다. 차분히 이성을 발휘하면 감정을 누를 수 있다는 것을 가르친다.

■ 부모가 자제심을 가지고 행동하자

뇌에는 주변 사람들의 행동을 봤을 때 자신의 뇌 안에서 같은 행동을 재현하는 '거울뉴런'이라는 신경세포가 있다. 이 세포 덕분에 타인의 행동을 뇌에서 시뮬레이션해 이해와 공감을 할 수 있다고 한다.

따라서 아이가 짜증을 내거나 불안해하며 난리를 칠 때 부모가 함께 동요하면 아이의 불안은 더 커질 수 있다. 이럴 때도 부모가 가능한 한 차분하게 끈기를 갖고 냉정한 태도를 계속 보이면 아이도 자제심을 키울 수 있다.

METHOD 34

탄력성 키우기

- 강하게 살아갈 수 있는 마음의 근육을 키운다

역경이나 어려움, 모르는 분야에 직면했을 때 끈기와 적응력, 넘어져도 다시 일어나는 마음의 복원력을 탄력성, 영어로는 리질리언스Resilience라고 한다. 탄력성은 아이들이 자립해 살아가는 데 필요한 중요한 자질 중 하나이다.

국제긍정심리학회 이사인 이로나 보니웰Ilona Boniwell 박사는 탄력성은 타고나는 것이 아니라 근육처럼 단련되는 것이라며 '리질리언스 머슬'이라는 프로그램을 개발했다. 역경이나 어려움에 직면했을 때 탄력성을 발휘할 수 있도록 평소에 마음의 근육을 단련하는 트레이닝으로 '마음의 예방접종'이라고도 불린다.

'탄력성'은 어떻게 단련할까?

■ 스스로를 긍정하는 말을 생각하자 (I am ~)

보니웰 박사는 자신의 강점을 알아야 비로소 탄력성이 생겨난다고 말한다. "저는 ~입니다(I am ~)"라는 식으로 자신의 장점, 자신 있는 부분을 말로 해본다. '착하다' '무엇이든 열심히 한다' '재미있다' 등 아이 스스로 생각해도 좋고 가족이나 친구 등 주변 사람들에게 물어봐도 좋다.

■ 할 수 있는 것을 생각하자 (I can ~)

달리기 1등이 아니어도, 공부를 잘하지 못해도 "여동생, 남동생과 잘 논다" "심부름을 잘한다" "혼자서 학교에 갈 수 있다"처럼 아이가 "~할 수 있다(I can ~)"고 말할 수 있는 것은 많다. 이렇게 할 수 있는 것을 하나씩 함께 생각해준다. 할 수 있는 것을 가시화하는 작업이 아이들의 자신감을 키워준다.

■ 아이가 가진 것을 일깨워주자 (I have ~)

"힘이 센 아빠" "요리를 잘하는 엄마" "애기 때부터 아껴온 인형" 등 "~이 있어(I have ~)"라고 말할 수 있는 것이나 아이에게 소중한 사람이나 물건을 나열해 아이가 자신이 가진 것을 일깨워준다.

■ 좋아하는 것을 떠올리게 하자 (I like ~)

야구, 축구, 댄스, 노래 등 아이가 좋아하는 게 많이 있을 것이다. "나는 ~가 좋아(I like ~)"라고 말할 수 있는 것을 아이와 함께 나열해본다. 좋아하는 것을 떠올리게 해 긍정적인 감정이 쌓이면 도파민이라는 뇌내 호르몬이 분비된다. 도파민은 뇌를 각성시키기 때문에 역경이나 어려움에 직면해도 극복하고자 하는 의욕을 자극한다.

자신을 아는 것이 탄력성의 기반이 된다

■ 공감과 신뢰를 표현하자

임상심리학자이자 도쿄 가쿠게이대학Tokyo Gakugei University 후카야 가즈코深谷 和子 명예교수는 아이가 기가 죽어 있거나 상처를 받았을 때 부모는 일단 공감해주는 것이 중요하다고 말한다.

"맞아, 그럼 기운 빠지지"라는 식으로 현재 상태를 인정해주고 그 기분을 이해하고 받아들여 준 다음, "넌 잘 할 거야"라고 절대적인 신뢰감을 표현해주면 아이에게는 격려가 되어 어떤 상황이 와도 씩씩하게 살아갈 힘이 생긴다.

아이는 자신의 힘든 마음에 공감해주는 사람이 격려까지 해주면 '조금만 더 버텨보자!'고 생각하게 된다.

자존감

METHOD 35

감사하는 마음 키우기

- 마음을 풍요롭게 하는 감사의 스킬을 익힌다

긍정심리학자이자 캘리포니아대학 데이비스캠퍼스University of California, Davis 로버트 에몬스Robert A. Emmons 교수는 "감사하는 마음을 갖고 있으면 질투나 분노, 후회, 근심 등 우리를 행복에서 멀어지게 하는 유해한 감정을 느끼지 않게 된다"라고 말한다.

감사의 마음은 매일 조금만 연습하면 평생 긍정적이고 행복하게 살아갈 수 있는 힘이 된다.

사회심리학자이자 쓰쿠바대학University of Tsukuba 아이카와 아쓰시相川充 교수팀 연구에서는 아이에게 감사의 스킬을 가르치면 감사하는 마음이 따라오는 것으로 밝혀졌다.

아이카와 교수는 "(학교와 가정에서는) 눈에 보이지 않는 감사의 마음을 가르치라고들 하지만, 눈에 보이는 감사의 스킬을 가르치는 것이 더 좋다"고 추천한다.

'감사의 마음'은 어떻게 키워야 할까?

■ 1주일에 1번은 감사하는 시간을 갖자

아이카와 교수는 1주일에 1번이라도 감사하고 싶은 일을 떠올리면 행복도가 높아진다고 말한다. 하지만 사람들은 감사할 일이 있어도 오히려 "미안해" "면목이 없네"라고 말하는 마음이 앞서는 경향이 있다.

그래서 의식적으로 '그 일로 나는 지금 이렇게 좋아졌다' '덕분에 나는 지금 이렇게 행복한 거야'라고 상황이 좋아진 것에 눈을 돌리는 편이 좋다고 한다. 아이와 좋았던 일을 회상할 때는 다음과 같은 식으로 말하면 좋다.

- **○○가 ××해줘서 고마워.**
- **○○가 맛있어서 고마워.**
- **내가 정말 좋아하는 ○○가 곁에 있어줘서 고마워.**

■ 부모가 모범을 보이자

아이는 가까운 존재를 모델 삼아 동작이나 행동을 따라하는 경향이 있다. 아이가 "고마워"라고 말하지 못 할 때 "고맙습니다 안 해?"라고 억지로 시키지 말고, 부모가 함께 말하거나 평소에 주위 사람들에게 "감사합니다"라고 표현하는 습관을 들여 모범을 보인다.

■ 감사받는 경험을 하게 하자

아이는 심부름을 한 뒤 "고마워" "진짜 도움 됐어"라고 감사를 받으면 자신이 도움이 됐다는 사실에 기쁨을 느낀다.

생리학자이자 도호대학Toho University 의학부 아리타 히데오有田 秀穂 명예교수에 따르면 감사를 받고 마음이 따뜻해지는 것은 옥시토신이 분비되기 때문이라고 한다.

앞서 옥신토신을 '애정 호르몬'이라고 소개했는데, 이 호르몬이 분비되면 긍정적인 기분이 되는 효과도 있다.

■ 감사의 마음을 글로 전해보자

긍정심리학에서는 감사의 편지를 쓰면 편지를 받는 사람뿐 아니라 보내는 사람의 행복도도 올라간다고 한다. "고마워"라고 말로 말하기 어려울 때는 글로 써서 감사의 마음을 표현하도록 가르치자.

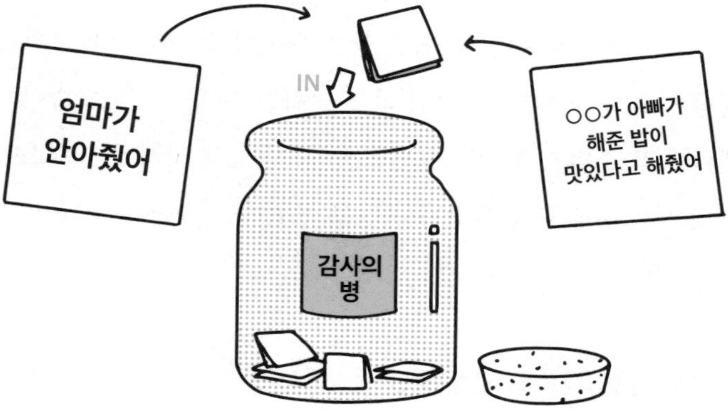

가족이 감사했던 일, 기뻤던 일을 써서 모아둔다

■ 감사의 병을 만들어보자

빈 병에 '감사의 병'이라고 써서 붙이고 누군가에게 감사하고 싶은 일이 있을 때마다 색종이처럼 컬러풀한 종이에 감사의 마음을 적어 병에 넣어두자. 그러다 정월대보름이나 생일 등 특별한 날에 병을 열어 안에 든 종이를 읽으며 지난날을 되돌아본다.

자존감

METHOD 36

무슨 말이든 할 수 있는 환경 만들기

- 다 털어놓을 수 있게 해준다

아이에게 바람직한 환경에 대해 이야기할 때 영어에서는 'safe'라는 단어가 자주 사용된다. '안전'으로 해석되는 이 단어는 물리적인 위험으로부터 멀리한다는 의미뿐 아니라 무조건 그곳에 있을 수 있다는 뉘앙스도 내포되어 있다.

심리학자인 알프레드 아들러는 어릴 때부터 속마음을 표현하지 않고 주위에 맞추기만 하는 사람은 자신을 믿을 수 없게 된다고 지적한다. 자신을 믿지 못 하면 주위 사람들도 믿을 수 없게 되어 사회의 누군가에게 도움이 되고 싶다는 생각 자체를 못 하게 된다.

아이에게는 주위를 의식하지 않고 실패나 잘못도 걱정하지 않고 솔직하게 자신의 생각과 감정을 드러낼 수 있는 안전한 장소가 필요하다.

'무슨 말이든 할 수 있는 환경'은 어떻게 만들까?

■ 마음을 헤아려주자

아이에게 지적만 하면 아이는 항상 '이런 말 하면 무시당하지 않을까?' '이런 거 하면 혼나지 않을까?'라는 불안감에 사로잡히게 된다.

부모는 아이에게 완벽을 요구하지 말고 아이를 있는 그대로 받아주어 아이가 자신의 속마음을 억누르지 않도록 마음을 헤아려준다.

■ 애정을 표현하자

아이에게는 존재만으로 행복하다거나 태어나줘서 고마운 마음 등을 말이나 스킨십으로 표현한다. 50여 년 동안 아이의 정신의료에 힘쓴 사사키 마사미 의사는 부모들은 부디 아이의 어리광을 받아주는 것을 절대 두려워하지도, 꺼려하지도 말고 마음껏 귀여워하면서 키우라고 호소한다.

사사키 의사는 과잉보호가 나쁜 것은 아니라면서 아이들은 애정을 충분히 받으면 자신뿐 아니라 타인에 대해서도 절대적인 신뢰감을 갖게 되고 자립심도 생긴다고 강조했다.

■ 부모가 앞서 나가지 말자

사사키 의사는 "과잉보호와 지나친 간섭은 다르다"고 지적한다. 지나친 간섭은 부모가 아이를 걱정하다 보니 자꾸 앞서 나가 일방적으로 "이렇게 하는 게 좋아"라고 말하거나 지나치게 도움을 주는 것을 말한다.

사사키 의사는 "지나친 간섭은 자립심의 싹을 잘라버리고 자율성과 주체성을 떨어뜨릴 우려가 있다"고 말한다. 물론 예절을 가르친다는 측면에서도 해서는 안 되는 것에 대한 최소한의 간섭은 필요하다. 그러나 아이는 주위에서 "이렇게 해라, 저렇게 해라"는 말만 들으면 자신이 무엇을 하고 싶은지 알 수 없게 되고 결국 자신을 잃게 된다고 사사키 의사는 경고한다.

■ 부정적인 태도는 NG!

부정적인 생각이나 태도는 아이에게 쉽게 전염된다. 생명윤리학자이자 캐나다 토론토대학University of Toronto의 케리 보우먼Kerry Bowman 교수는 "감정은 감염된다. 특히 부정적인 감정은 가장 잘 전염된다"고 말한다. 부모가 비판적이고 부정적인 생각이 강하면 아이에게도 전염되어 아이는 자신에 대해 나쁘게 말하지 않아도 자신감을 갖지 못 하게 된다.

부정적인 뒷담화는
아이에게 악영향을 미친다

METHOD 37

집안일 돕게 하기

- 맡기고, 고맙다고 말한다

일본 내각부는 「2019어린이 · 청소년백서」 보고서에서 '젊은 이들의 자존감이 낮은 이유는 자신이 도움이 되지 않는다고 느끼는 자기효능감이 낮은 것과 연관성이 있다'라고 분석했다.

과거에는 어린이도 가족의 중요한 노동력이었다. 조부모나 부모를 돕기 위해 동생들을 돌보거나 아이들이 가사 노동에 적극적으로 참여하지 않으면 일손이 부족했다.

그러나 요즘 아이들에게는 '누군가의 도움이 될 기회'가 줄어들었다. 맞벌이 가정이 늘면서 부모는 일과 가사를 병행하느라 항상 시간에 쫓기고 아이들도 학원 스케줄로 꽉 찬 하루하루를 보내느라 바쁘다.

아이의 사회 참여를 지원하는 민간 비영리 단체NPO, Non-Profit Organization 법인 KoDikara Nippon의 하야시다 가오리林田 香織 이사는 "부모부터 여유가 없는 현대 사회에서 아이의 역할은 의식적으로 만들지 않으면 불가능하다"고 말한다.

바쁜 부모 입장에서는 아이를 시키는 것보다 스스로 하는 편이 빠른 경우가 많다. 하지만 아이에게 심부름은 누군가에게 도움이 되는 일을 할 수 있는 귀중한 기회이다. 심부름이 아이의 자존감을 키워주는 소중한 체험인 것이다.

아이에게 '어떤 일'을 부탁할까?

■ 아이가 할 수 있는 집안일이 많으니 어려워 말고 부탁하자

청소나 빨래, 요리 말고도 집안일은 많다. 집안일의 80%는 '이름 없는 집안일'이다. 다이와大和하우스공업이 발표한 '이름 없는 집안일 Top 10'에는 '현관에 아무렇게나 벗어놓은 신발 정리하기' '두루마리 화장지 채워놓기 및 갈아 끼우기' '벗은 옷 빨래통에 넣기' '장난감 정리' 등 아이도 충분히 할 수 있는 일이 많이 포함되어 있다. 이런 자잘한 집안일도 부모가 다 하려고 하지 말고 아이에게도 분담하여 참여하게 한다.

■ 집안일을 부탁했다면 전적으로 아이에게 맡기자

아이에게 심부름을 시킬 때 부모가 도와주거나 말참견을 하거나 또는 유도를 하면 아이는 달성감을 느낄 수 없게 된다. 실패하거나 중간에 넘어지는 것도 다 성장을 위한 경험이다.

불쑥불쑥 참견하고 싶은 생각이 들어도 잘 참고 과감하게 모든 것을 맡기고 아이가 시행착오하는 모습을 지켜봐 주자. 아이는 스스로 대처를 잘하면 자신의 능력에 대한 불안이 사라져 자신감을 갖게 된다.

'이름 없는 집안일' Top 10

1위	뒤집어 벗어놓은 옷이나 돌돌 말린 양말 바르게 하기
2위	현관에 아무렇게나 벗어놓은 신발 정리하여 신발장에 넣거나 가지런히 놓기
3위	두루마리 화장지 채워놓기 및 갈아 끼우기
4위	아무렇게나 벗어놓은 옷 정리하기 및 옷장에 걸기 벗어놓은 옷 모아 빨래통에 넣기
5위	식사 메뉴 생각해두기
6위	다 쓴 컵, 페트병, 캔 정리하기/씻기
7위	아이가 늘어놓은 장난감 정리하기
8위	샴푸, 세제, 핸드솝 등 채우기 및 교체하기
9위 (공동)	재활용 쓰레기 분리수거 하기
9위 (공동)	목욕탕이나 세면대 하수구에 쌓인 머리카락 청소하기 / 목욕탕 하수구 청소 및 망 교체하기

출처 : 다이와하우스공업 홈페이지

■ 사회의 규칙과 위험한 것에 관해서는 가르치자

쓰레기 분리수거와 같은 사회적 규칙이나 칼이나 불 다루는 법은 철저히 가르친다. 특히 아이의 안전과 관련되어 있다면 도구의 사용법이 잘못되지는 않았는지, 잘 타는 물건이 아이 가까이에 있지는 않은지 등은 소홀히 하지 말고 주의해서 잘 살펴야 한다.

■ 감사의 마음을 전하자

"잘했어"라고 칭찬하기보다 "고마워" "진짜 도움 됐어!"라고 칭찬하면 아이는 다른 사람에게 도움이 되고 있다는 자기효능감이 높아진다. 아이가 도와주는 모습을 잘 관찰했다가 "○○를 좋아하는구나" "××을 잘하는구나"라고 말해주자. 이렇게 부모가 인정해주면 아이의 자존감은 높아진다.

METHOD 38

학원 보내기 ①

- 학원, 잘 고르는 요령을 알아둔다

학원은 아이가 좋아하는 것을 찾아 자신감을 심어주는 계기가 된다. 그런데 요즘 초등학생들은 어떤 학원에 가장 많이 다니고 있을까?

2019년 8월 각켄学研 교육종합연구소에서 초등학교 1~6학년 어린이와 부모 1,200쌍을 대상으로 시행한 조사에서 요즘 초등학생들이 가장 많이 다니는 학원은 1위가 '수영' 2위가 '입시학원/보습학원'이었다. 3위는 '인터넷 강의' 4위는 '음악학원' 5위는 '(읽고 쓰기 중심의) 영어학원/영어회화학원' 순이었다.

이 연구소의 2018년 9월 조사에서는 학부모가 아이를 가장 보내고 싶어 하는 학원 1위가 '영어학원/영어회화학원' 2위가 '수영' 3위가 '주산' 순이었고, 초등학교 1학년 학부모 중에서는 남녀 모두 '주산'이 1위로 가장 인기가 높았다.

2017년 조사에서 8위였던 '프로그래밍'은 6위로 올랐는데, 이는 2020년부터 학교에서 프로그래밍 수업이 필수가 되면서 주목받고 있는 것으로 보인다.

베네세교육종합연구소의 '교외 교육활동에 관한 조사 2017'에서도 '운동이나 스포츠보다는 공부를 더 하길 바라는가?'라는 질문에 40%에 가까운 학부모가 '매우 그렇다' '그렇다'고 답해 2009년 조사 때보다 13%나 증가했다.

이러한 경향은 특히 자녀의 나이가 어릴수록 두드러지는데, 미취학 아동의 부모 중에서는 14.4%에서 27.4%로 2배 가까이 늘었다.

'초등학생들이 많이 다니는 학원' Top 10

- 1위 수영 28.4%
- 2위 입시학원/보습학원 16.7%
- 3위 인터넷 강의 14.2%
- 4위 음악학원(노래, 악기 등) 14.0%
- 5위 영어학원(읽고 쓰기 중심)/영어회화학원 13.6%
- 6위 주산 7.5%
- 7위 서예 7.5%
- 8위 축구, 풋볼 6.9%
- 9위 무도(유도/가라테/검도 등) 5.6%
- 10위 체조 교실 5.5%

출처 : 각켄교육종합연구소「초등학생백서 Web판」(2019년 8월 조사)

위의 조사 결과에서 알 수 있었던 점은 학부모는 '공부 중시 경향'이 강하다는 것이다. 일본은 2020년도부터 대학입시가 지금까지의 학력평가 중심에서 사고력, 판단력, 표현력과 주체성 등 다면적 평가로 크게 바뀌었는데 아직도 그와 관련한 구체적인 내용을 제대로 알 수 없어 불안한 학부모가 많은 것이다.

'학원'을 현명하게 고르는 방법에는 무엇이 있을까?

■ 아이가 하고 싶어 하는 것을 최우선으로 선택하자

교육학자이자 시로우메가쿠엔대학Shiraume Gakuen University 명예총장 시오미 도시유키汐見稔幸 교수는 아이가 다닐 학원을 선택할 때 부모와 아이의 의견이 충돌한다면 반드시 아이가 좋아하는 것이 우선이라고 말한다.

"이게 좋아" "잘하고 싶어"라는 아이의 강한 의지가 더 중요하며, 무엇보다 아이들은 자신이 '재미있다'고 느끼지 못하면 오래 지속할 수 없다.

■ 아이에게 잘 맞는 지도자와 지도법을 찾자

또한 시오미 도시유키 교수는 부모 눈에 '아이의 의욕을 잘 끌어내는 선생님'이나 '내가 아이라면 배워보고 싶은 선생님'이 있는 학원에 아이를 보내기를 추천한다.

즉 무엇을 배우는 학원인지로 정하지 말고 '이 강사와 이 지도

법이라면 아이가 좋아할 것 같다'라는 관점에서 고르는 것이 좋다고 강조한다.

사전 청강을 통해 강사와 지도법이
아이에게 매력적일지 미리 체크한다

■ 제일 먼저 목표를 정하자

일본의 교육 저널리스트 오타 토시마사おおたとしまさ 씨는 아이가 학원에 다니게 되었다면 제일 먼저 이루고 싶은 목표를 정하라고 추천한다.

예를 들어 수영이라면 '자유형으로 25미터 완주하기'라는 식으로 말이다. '급수'를 따는 학원이라면 "몇 급까지 딸 것이다"라는 목표를 세운다. 또는 "다니다 힘들어도 반년은 다닌다" "○학년 발표회까지는 열심히 다닌다"라는 식으로 기간을 목표로 잡아도 좋다.

목표가 달성된 후 학원에 더 다닐지 아니면 그만둘지는 아이 스스로 결정하게 한다.

시오미 도시유키 교수는 입시와 겹치는 등 학원을 일시적으로 계속 다니기 어려울 때도 있겠지만, 아이가 그만두겠다고 하지 않는 한 가늘고 길게 계속 다니는 것이 좋다고 조언한다. 100세 시대에는 이렇게 배운 것이 긴 인생을 풍요롭게 하는 평생의 취미가 될 수도 있기 때문이다.

■ 학원은 그만두는 시점이 중요하니 마무리를 잘하자

학원은 아이가 중간에 그만두겠다고 해도 처음에 정한 목표를 달성한 시점에 그만두게 하는 것이 좋다.

오타 토시마사 씨는 학원은 그만둘 때가 중요하다고 강조하며 아이가 목표를 달성하고 그만두었을 때 부모가 "그동안 열심히 잘했어!" "목표를 달성하다니, 대단해!"라고 칭찬하면 아이가 기분 좋게 마무리할 수 있다고 말한다.

METHOD 39

학원 보내기 ②

- 스케줄은 여유 있게 정한다

최근에는 맞벌이 가정이 늘면서 아이들이 방과 후 학원에 가는 경우가 많아졌다.

부모에게는 안심하고 맡길 수 있는 곳이 생기는 셈인 데다 아이의 실력도 느니 '일석이조'라고 생각되겠지만, 아이에게는 멍하니 있거나 마음껏 놀 수 있는 시간이 줄어 심신에 부담이 될 수 있다.

놀이 연구의 권위자이자 정신과 의사인 스튜어트 브라운Stuart Brown 박사는 아이에게는 어른이 골라 보내는 학원보다 '노는 것'이 더 중요하다고 지적한다.

자유로운 놀이는 감정을 가다듬어주어 일이 뜻대로 되지 않을 때도 아이가 초조해하지 않고 주위 사람들의 이야기에 귀를 기울일 줄 알게 되며 긍정적으로 생각하는 법을 익히게 해 자존감의 밑거름이 된다. 그러니 아이를 학원에 보낸다면 반드시 아이가 자유롭게 놀 수 있는 시간은 빼놓고 스케줄을 짜야 한다.

'학원 스케줄'은 어떻게 짜면 좋을까?

■ 빽빽한 스케줄은 피하자

정신건강의학과 의사이자 캘리포니아대학 로스앤젤레스 캠퍼스의 다니엘 J. 시겔Daniel J. Siegel 교수팀은 아이들의 학원 스케줄이 빽빽해지지 않도록 하려면 다음과 같은 점을 확인해야 한다고 강조한다.

① 아이가 자유롭게 쓸 수 있는 시간이 있다

아이가 형제자매나 친구들과 마음껏 즐겁게 보낼 수 있는 시간, 멍하니 있거나 무엇인가에 몰두할 수 있는 시간이 충분히 있는지 체크한다.

② 충분한 수면을 취하고 있다

다니는 학원이 너무 많아 수면 시간이 부족하지는 않은지 주의한다.

③ 아이에게 스트레스가 쌓여 있지 않다

아이가 쉽게 피곤해하거나 심기가 불편해 보이지는 않은지, 불안해하거나 긴장한 것 같지 않은지 주의 깊게 관찰한다.

④ 가족이 함께 저녁 식사를 할 수 있다

매일은 아니더라도 가족이 함께 식탁에 앉아 식사할 시간이 전혀 없을 정도로 바쁘면 아이의 마음이 편안하기 어렵다.

⑤ 아이 스케줄에 부모가 초조해하지 않는다

아이의 빽빽한 스케줄 때문에 부모까지 바빠져 스트레스가 쌓이면 아이와의 대화에서도 초조함이 드러나기 마련이다. 아이뿐 아니라 부모도 아이 스케줄 때문에 몸이 피곤한 상태는 아닌지, 정신적으로도 힘들지 않은지 체크한다.

⑥ 자꾸 재촉하지 않는다

"빨리" "서둘러"라는 말을 입에 달고 있지는 않는지 되돌아보자. 그런 말을 자꾸 하게 되는 것은 스케줄이 빡빡해서 그럴 수도 있고 아이가 육체적으로 지쳐서 움직임이 둔해졌을 가능성도 있다.

그냥 '멍하니 있는 시간'도 중요하다

■ 학원은 어릴 때부터 다니지 않아도 되니 조급해하지 말자

아이의 학원 스케줄을 짤 때 위의 포인트와 함께 알아두어야 할 점은 학원은 꼭 어릴 때부터 다닐 필요는 없다는 것이다.

야마나시대학University fo Yamanashi 대학원 나카무라 가즈히코中村 和彦 교수가 올림픽에 출전해 경기에서 메달을 딴 40명의 메달리스트를 대상으로 시행한 조사 결과를 보면 어릴 때 메달을 딴 스포츠만 경험한 경우는 단 2명밖에 없었고 90%는 초등학교 시절 하루에 2시간 이상 놀았던 것으로 나타났다.

음악이나 영어의 경우도 부모님이 일상적으로 즐겨 듣거나 말하는 등 자연스럽게 배우는 환경을 만들면 아이 역시 자연스레 그 소리를 들으며 음악이나 영어에 관한 센스가 생긴다고 한다.

METHOD 40

학원 보내기 ③

- 학원비 사용 계획을 세운다

베네세교육종합연구소가 2017년 3월 만 3~18세(고등학교 3학년) 자녀를 둔 부모 1만 6,170명을 대상으로 학원 등 '교외 교육 활동'에 대해 조사한 결과, 한 달 평균 비용이 만 3세의 경우 약 3,200엔(약 3만 3,000원), 가장 많이 드는 중학교 3학년의 경우 2만 5,900엔(약 27만 원)인 것으로 나타났다.

'교육비로 돈이 너무 많이 들어간다고 생각하는가?'라는 질문에 "매우 그렇다" "그렇다"고 답한 사람이 전체의 67.2%를 차지해 많은 학부모가 교육비 부담이 크다고 느끼고 있는 것으로 나타났다.

한편 가계회생컨설턴트인 요코야마 미쓰아키横山 光昭 씨는 아이 교육비의 낭비를 막기 위해 먼저 체크해 봐야 할 것이 바로 '학원비'라고 지적한다. '아이를 위해서'라고는 하지만 막상 아이에게 물어보면 "하고 싶은 것은 아니다" "부모님이 하라고 하니까"라는 답변도 많기 때문이다.

파이낸셜플래너 등 금융 전문가들은 학원비는 연수입의 5% 수준이 이상적이라고 입을 모은다. 특히 영어나 프로그래밍 등 부모세대가 경험하지 못했거나 자신 없는 분야는 특히 더 불안하겠지만, 교육 자금은 아이가 성장하면서 부담이 커지기 때문에 자금 계획은 장기적으로 세워야 한다.

'학원비 계획'은 어떻게 세워야 할까?

■ 대학 진학 자금을 최우선으로 하자

학비가 가장 많이 드는 시기는 아무래도 대학 진학 때이다. 사립이냐 국립이냐에 따라 차이는 있지만 입학 첫해에는 입학금을 포함해 90~140만 엔(약 950~1,480만 원) 정도의 비용이 든다. 요코야마 씨는 "대학 입학 때까지 대략 300만 엔(약 3,200만 원)을 목표로 저축하라"고 조언한다.

만 0~15세에 지급되는 아동 수당만 저금해둬도 약 200만 엔(약 2,100만 원)은 된다고 한다. 아이 명의의 통장을 만들어 아동 수당과 교육 자금을 꾸준히 저금해두고 이 돈은 절대 다른 곳에 쓰지 말아야 한다.

■ 하나를 시작하면 하나는 그만두자

학원 하나를 늘리면 비용 부담은 늘고 아이의 자유시간은 줄어든다. 유아교육 전문가인 도쿄대학 대학원 종합문화연구과 히라키 가즈오開一夫 교수는 "학원을 늘릴수록 친구와 놀 시간, 부모와 식탁에 마주 앉아 여유롭게 이야기할 시간이 준다는 점도 고려해 꼭 필요한 학원인지 판단해야 한다"라고 조언한다.

■ 인터넷 강의도 선택지 중 하나임을 고려하자

영어회화나 프로그래밍 강좌의 경우 어린이를 대상으로 한 온라인 학습 서비스가 늘어나고 있다.

아이의 이해도에 맞추어 개별적으로 최적화된 '큐비나Qubena (AI형 테블릿 교재)'나 '스라라(게임 형식으로 학습할 수 있는 대화형 애니메이션 교재)'와 같은 온라인 교재를 이용하면 돈과 이동 시간을 절약할 수 있을 뿐 아니라 아이 입장에서는 가장 효율적인 학습이 가능해져 시간의 여유도 생긴다.

온라인 강좌에는 어떤 것이 있을까?

① 개별 최적화 학습이 가능한 온라인 강좌
- AI형 교재 'Qubena'
- 자기 주도형 학습 지원 프로그램 '스라라'

② 온라인 영어 회화
- DMM 영어회화
- ECC 온라인 렛슨 '어린이 영어회화'

③ 온라인 프로그래밍 강좌
- Progate(프로게이트)
- 디즈니 '테크놀지아 마법학교'
- CodeCamp(코드캠프)

영어나 프로그래밍 등은 온라인 강좌를 활용하면 비용과 이동 시간을 절약할 수 있어 효율적인 학습이 가능하다

METHOD 41

받아주기

- 무조건 인정해준다

미국의 심리학자 에이브러엄 H.매슬로Abraham Harold Maslow 박사는 '인간은 자아실현을 위해 끊임없이 성장한다'는 가정하에 인간의 욕구를 5단계로 나누어 설명했다.

1단계는 공복이나 수면 등 생명 유지를 위한 '생리적 욕구'이고 이것이 채워지면 다음 2단계는 안전한 곳에 살고 싶은 '안전의 욕구'를 채우고 싶어진다.

3단계는 가족, 친구와 친하게 지내고 싶은 '사회적 욕구'이고 4단계는 타인으로부터 가치 있는 존재로 인정받고 싶은 '존경의 욕구'로 욕구의 내용이 진화한다.

마지막 5단계는 '자아실현의 욕구'인데, 사람이 자신의 능력을 발휘하기 위해서는 하위층에 있는 다양한 욕구를 먼저 충족시켜야 한다는 것이 매슬로의 주장이다. 이것이 '매슬로의 인간 욕구 5단계설'이다.

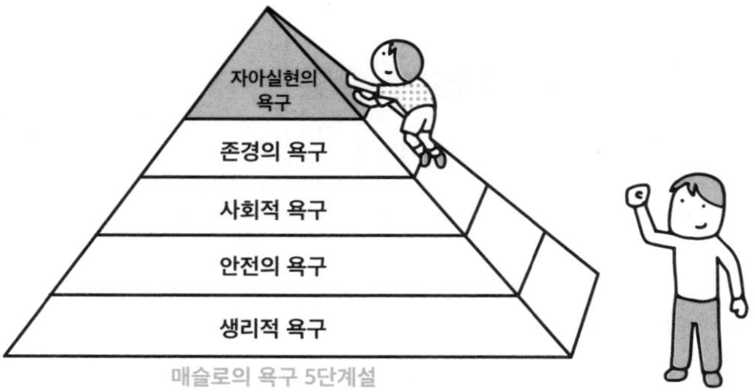

매슬로의 욕구 5단계설

'존경의 욕구'까지 채워져야 비로소
'자아실현의 욕구'를 갖게 된다

■ 아이의 있는 그대로를 인정하자

아이의 '강점'을 끌어내는 교육 전문가이자 다양한 학교 교장을 역임해 온 교육자 제니퍼 폭스Jenifer Fox는 "아이의 건전한 미래를 바란다면 모든 아이가 갖고 태어나는 가치를 진심으로 믿어주는 것에서 시작해야 한다"고 말한다(『아이의 10년 후를 결정하는 강점 혁명』 | 미래인 | 2008.8.10.).

즉 아이가 미래에 자아실현을 하려면 아이의 존경의 욕구를 채워줘야 한다는 것이다. 이를 위해서는 아이의 있는 그대로를 받아들여야 한다.

'있는 그대로' 받아들이려면 어떻게 해야 할까?

■ 조건을 붙이지 말자

부모는 아이를 충분히 인정하고 있다고 생각해도 실은 '아이가 열심히 했으니까' '성적이 좋았으니까'라는 식으로 조건부 칭찬을 하는 경우가 의외로 많다.

성적도 매우 좋고 성실한 노력형 중에도 소외감이나 실패에 대한 공포를 느끼는 아이는 적지 않다.

"무슨 일이 있어도 너는 나의 보물이야" "네가 어떤 사람이든 무조건 사랑해"라는 말을 들을 때 비로소 아이의 존경의 욕구가 채워진다.

■ 조언을 강요하지 말자

부모는 아이에게 도움이 되라고 자신의 경험이나 조언을 들려주려 한다. 그러나 아이는 꼭 조언이 필요해서가 아니라 그저 내 이야기를 듣고 공감해주기를 바랄 뿐인 경우도 적지 않다.

아이에게는 어른이 이해해주고 신뢰받고 있다는 믿음이 필요하다. '아이의 생각을 듣는 자세'로 대하면 오히려 아이 쪽에서 조언을 구해 온다.

■ 아이의 '요구'가 아닌 '마음'을 받아주자

발달심리학자이자 시라유리여자대학Shirayuri Women's university 하타노 에쓰코秦野 悦子 교수는 '아이의 마음을 받아주는 것'과 '아이의 요구를 받아주는 것'은 다르다고 말한다.

아이가 떼를 쓰거나 자신의 요구를 굽히지 않을 때는 먼저 아이의 마음을 받아주고 인정한다. 이렇게 아이를 안심시킨 다음 요구를 받아 줄 수 없는 이유를 설명하거나 다시 무엇을 하고 싶은지 되묻는 것이 좋다고 한다.

하타노 교수는 장소를 바꿔 기분 전환을 하게 하거나 꼭 안아주어 안심하도록 하는 것이 효과적이라고 조언한다.

METHOD 42

자질 속단하지 않기

- 속단은 아이의 가능성을 좁힌다

부모가 '타고난 것은 어쩔 수 없다'는 생각을 갖고 있으면 아이의 재능을 속단하기 쉽다. 아이의 능력을 '유전이나 재능을 생각하면 이 정도일 거야'라고 속단해버리면 아이도 '어차피 난 이거밖에 안 돼'라고 생각하고 의욕을 잃게 된다.

동기부여 연구의 일인자인 스탠퍼드대학 캐럴 드웩 교수는 아이에게 다음의 사실을 알려주면 학습 의욕과 향상심에 변화가 생길 것이라고 강조한다.

지능 면에서 보면 세상에는 머리가 좋은 사람, 보통인 사람, 나쁜 사람이 있고 이는 평생 간다고 생각하는 사람이 많은데, 최근 연구에서는 그렇지 않은 것으로 나타났다. 뇌는 근육처럼 쓰면 쓸수록 성능이 좋아진다고 한다. 새로운 것을 배우면 뇌가 성장해 머리가 좋아진다는 사실이 과학적으로 증명됐다(출처 : 『마인드셋』 | 캐럴 드웩 글 | 스몰빅라이프 | 2017.10.30.).

■ 마음먹기에 따라 능력은 자랄 수 있음을 명심하자

드웩 교수에 따르면 전혀 의욕이 없던 소년에게 이런 이야기를 해주었더니 "제가 바보가 아닐 수도 있군요"라며 눈물을 흘린 경우도 있었다고 한다.

아이에게 '뇌는 자신이 직접 만들어 가는 것이다'라는 생각을 심어주었더니 실제로 의욕이 생겨났을 뿐 아니라 성적도 올랐다고 한다. 드웩 교수는 아이의 능력은 머리의 좋고 나쁨이 아니라 연습과 학습을 통해 반드시 자란다고 믿는 것이 중요하다고 강조한다.

자질을 '속단'하지 않으려면 무엇을 해야 할까?

■ 새로운 것을 배우면 뇌가 성장한다는 믿음을 갖자

새로운 것을 학습하거나 경험하면 신경회로망에 새로운 결합이 생겨 뇌가 성장한다. 뇌를 써서 공부할수록 뇌세포가 성장해 그 이전까지는 어렵다고 느꼈던 것이 쉽게 느껴지는 뇌의 구조를 이해하고, 머리의 좋고 나쁨이 아니라 학습과 연습이 중요하다는 사실을 아이와 공유한다.

■ 비판과 칭찬 모두 주의하자

부모 중에는 "우리 아이는 천재야!" 또는 "우리 아이는 재능이 없어"라는 식으로 아이의 타고난 능력을 경솔하게 단정 짓는 경우가 있는데, 어떤 방식으로 얼마나 노력하고 어떤 선택을 했는지 등 '과정'을 칭찬하는 것이 아이의 능력을 향상시키는 데 더 도움이 된다고 드웩 교수는 조언한다.

■ 목표는 낮게 잡지 말자

'공부에 관심이 없어서' '머리가 좋지 않으니까'라는 식으로 속단해 목표를 낮게 잡는 것도 아이에게 도움이 되지 않는다. 드웩 교수의 연구에서는 의욕이 없어 보이는 아이들에게도 성장의 여지가 충분한 것으로 나타났다. 그러니 무턱대고 목표를 낮게 잡지 말고 아이가 무엇을 모르는지, 방법은 어디가 잘못됐는지 먼저 살펴보자. 그런 다음 어떻게 하면 바로잡을 수 있을지 함께 고민하면 아이가 가능성을 발휘할 수 있게 된다고 한다.

■ 너무 열심히 하는 것도 주의하자

모범생인 아이 중에는 자신이 좋아서 열심히 하는 것이 아니라 '완벽을 원하는 부모의 기대에 미치지 못 하면 어쩌지?' 하는 불안 때문에 쫓기듯 하는 경우도 있다. '우리 애는 괜찮아'라고 섣불리 판단하지 말고 부모는 자신이 무의식적으로 아이에게 완벽을 요구하고 있지는 않은지 생각해보자. 아이가 정말로 어떤 것을 원하는지 아이의 목소리에 세심하게 귀를 기울이며 이렇게 말을 걸어 보자.

"무슨 일이야? 엄마(아빠)가 뭐 도와줄 일 없니?"
"걱정하는 마음 다 알아. 아빠(엄마)도 그래"
"다 알고 있네. 대단해! 그럼 어떻게 하면 좋을 것 같아?"

METHOD 43

강요하지 않기

- 적당한 거리감을 유지한다

부모에게는 '내 아이는 이런 아이였으면 좋겠다'고 생각하는 이상이 있을 것이다. 문제는 그 이상에서 조금만 벗어나면 불안해 자꾸 불필요한 말이나 행동을 하는 것이다. 부모는 격려하고 도와주려는 것이겠지만 아이 입장에서는 부담일 수밖에 없다.

예를 들어 아이의 감정은 생각하지 않고 "그래서 되겠어?" "그런 일로 울면 안 되지!"라는 식으로 원론적인 말만 늘어놓으면 아이는 부모에게 벽을 느낀다. 반대로 아이와의 거리감이 너무 가까우면 "너에겐 어려울 것 같으니 우리가 대신 해줄게"라고 하면서 앞으로 아이에게 일어날 수 있는 어려움을 부모가 앞장서 막으려고 한다. 이는 아이에게서 경험할 기회를 빼앗아 아이가 자신의 능력을 깨닫는 것을 방해하는 행위이다.

부모들은 자신의 언행이 아이에게 어떤 영향을 미치는지 잘 모르는 경우도 많은데, 부모의 생각을 강요당한 아이들은 과잉 반응을 하거나 반대로 자신의 속마음을 감추기 쉽다.

아이와 적당한 거리감을 유지하는 일이 쉽지 않더라도 부모는 아이를 너무 밀어내지도, 그렇다고 너무 가까이 가지도 않도록 주의해야 한다.

부모의 생각을 '강요'하지 않으려면 어떻게 해야 할까?

■ 진짜 원인을 찾자

예를 들어 아이가 무언가를 싫다고 할 때 왜 싫은지 이야기를 차분히 들어본다. 의욕이 없는 것처럼 보여도 실은 실패가 두려운 것이라면 실패는 성장할 기회라고 격려해주고, 부끄러움 때문이라면 부끄러움을 없애려면 어떡하면 좋은지 해결 방법을 함께 고민한다. 무엇보다 아이의 마음에 공감해야 한다.

■ 말머리에 '아직'이라는 말을 붙이자

캐럴 드웩 교수는 '아직(Not Yet)'이라는 발상의 전환을 추천한다. 아이가 "못하겠어" "싫어"라고 할 때 말머리에 "아직"이라는 말을 붙여 "아직 못하는 (하고 싶지 않은) 것뿐이야. (좀 더 연습하면) 할 수 있을 거야"라고 말하면 아이에게 동기부여를 할 수 있다고 조언한다. 지금 당장 못하거나 의욕이 없어도 모두 목표나 성공에 이르는 과정의 일부라고 생각하는 힘을 키워준다.

■ 다른 집 아이와 비교하지 말자

다른 집 아이와 비교하다 보면 부모는 불안해지거나 걱정이 생기곤 한다. 아이는 어제는 적극적이다가도 오늘은 소극적인 반응을 보이는 경우가 매우 흔하다. 아이는 그만큼 복잡하고 한 아이 한 아이 모두 다르며 아이에 따라 성장하는 방식이나 속도

역시 다양하다는 점을 항상 유념해야 한다.

■ 부모와 비교하지 말자

부모가 자수성가한 경우 아이에게도 자신과 똑같은 길을 걷게 하는 것이 안전하다고 생각하거나 또는 자신이 이루지 못한 꿈을 아이를 통해 이루려는 것은 아이의 행복을 바라는 부모 마음일 것이다.

그러나 아이의 미래는 아이 스스로 삶을 통해 찾아가는 것이다. 세상이 극적으로 변화하고 있는 지금, 어른의 척도나 판단이 앞으로의 세계에서도 통용된다는 보장은 어디에도 없음을 부모는 명심해야 한다.

부모의 생각을 강요하지 말아야 한다

METHOD 44

가족여행 가기

- 성장에 중요한 비일상적 체험을 한다

여행은 일상에서는 만날 수 없는 사람을 만나고 자연, 역사, 예술, 문화 등을 직접 보며 오감을 이용해 '비일상'을 경험함으로써 아이의 시야를 크게 넓힐 기회이다.

도요대학[Toyo University] 국제관광학부 모리시타 마사미[森下 昌美] 교수에 따르면 어릴 때 가족여행 경험이 많은 사람은 성인이 된 후에도 커뮤니케이션 능력과 사회성, 배려심 등의 측면에서 자존감이 높은 경향이 있는 것으로 밝혀졌다고 한다.

일본관광청 조사에서도 어린 시절 여행을 많이 다닌 사람 중에 그 여행 경험이 '지금의 자신에게 도움이 되고 있다'고 느끼는 사람이 많은 것으로 보고되고 있다.

좋은 '가족여행'이 되려면 무엇을 해야 할까?

■ 테마를 정하자

여행을 통해 자란다는 의미의 '여육[旅育]'이라는 개념을 제창하고 아이의 성장에 여행이 어떻게 도움이 되는지 소개하는 여행 저널리스트 무라타 가즈코[村田 和子] 씨는 가족여행에 '테마'를 정할 것을 추천한다.

테마를 정할 때는 아이의 연령과 성장에 맞춘 내용을 선택하고 아이가 흥미를 보이지 않을 때는 무리하지 말고 다음 기회로 미루는 것이 포인트라고 조언한다.

평소 아이가 흥미를 보이는 것을 참고하거나 아이와 함께 이제까지 한 번도 해보지 않은 것에 도전하는 등 아이가 적극적으로 참여할 수 있는 테마를 생각한다.

'침대열차 타기' '화석 발굴 체험' '목장에서 젖 짜기' '카약 도전하기' '고산식물 관찰하기' 등 테마는 다양하다.

테마를 정한 다음 여행갈 곳을 검토한다

■ 작전 회의를 하자

네덜란드 에라스무스대학Erasmus University의 연구 결과에 따르면 여행을 갈 때 가장 행복도가 높아지는 때는 '여행계획을 세울 때'라고 한다.

무라타 씨는 부모의 의견대로 아이를 무작정 데리고만 가는 여행이 아니라 가족이 각자 가고 싶은 곳, 하고 싶은 것에 대해 서로 이야기할 것을 추천한다.

아이가 아직 어려 스스로 의견을 잘 내지 못할 때는 부모가 예산이나 일정을 고려한 몇 가지 안을 준비한 다음 아이에게 고르게 한다. 그리고 아이가 이것을 선택한 이유를 분명하게 듣는 것도 중요하다고 무라타 씨는 강조한다.

■ 아이와 함께 준비하자

여행지에서 무엇이 필요하고 무엇을 할지 아이와 이야기해서 준비하면 아이의 상상력이 키워진다.

무라타 씨 가정에서는 전철 환승 루트 등 교통 수단을 조사해 안내하는 '안내 담당', 선물 살 돈을 관리하는 '회계 담당' 등 역할을 정했다고 한다. 이렇게 아이에게 역할을 주면 자연스럽게 주체성이 키워진다.

■ 이동 중에는 대화를 나누자

여행을 가면 이동을 많이 하게 되는데 아이는 반고리관이 약해 가까운 곳만 보고 있으면 쉽게 멀미를 일으킨다. 가족여행에는 게임기 등은 갖고 가지 말고 멀리 바깥 풍경을 즐기거나 대화를 나누면 가족여행에 대한 만족도가 한층 올라갈 것이다.

■ 추억을 기록으로 남기자

추억을 기록으로 남기면 여행을 회상할 때 좋다. 무라타 씨는 여행 기록으로 가족들이 한 마디씩 적은 엽서를 여행지에서 집으로 보냈다고 한다.

몇 년 후 다시 보면 아이들의 글씨가 성장하는 것을 한 눈에 볼 수 있다고 한다. 아이도 기록이 있으면 다시 보면서 여행에 대한 기억을 떠올릴 수 있다. 즐거운 추억은 마음을 성장시킨다.

METHOD 45

작은 기쁨 느끼게 해주기

- 괴로움을 이겨내는 즐거움의 저축을 만든다

일상생활 속에서 작은 기쁨을 느끼면 긍정적인 감정이 생겨난다. 하버드대학 강사였던 긍정심리학자 숀 아처Shawn Achor 박사에 따르면 긍정적인 감정이 생겨나면 시야가 넓어지면서 스트레스와 불안에 대한 강력한 디톡스 효과가 생긴다고 한다.

긍정심리학자이자 호주 멜버른대학The University of Melbourne 리 워터스Lea Waters 교수는 이러한 작은 기쁨을 '즐거움의 저축'이라고 생각하고 차곡차곡 모아 두면 힘들 때마다 그 추억을 회상하며 마음을 추슬러 다시 일어설 수 있다고 말한다.

'작은 기쁨'을 느끼게 하려면 무엇을 해야 할까?

■ 오감을 동원하자

시각, 청각, 후각, 미각, 촉각을 동원하면 우리 가까이에 있는 기쁨을 쉽게 찾을 수 있다. '건포도 마음챙김'은 오감을 깨우고 마음을 차분하게 해주는 효과가 있다고 하여 미국의 많은 학교에서 도입하고 있다.

차분히 앉아 건포도를 손에 쥐고 처음 보는 물건 보듯 찬찬히 관찰한다. 모양, 색, 탄력, 냄새 등을 확인한다. 충분히 관찰한 다음에는 입에 머금고 처음에는 씹지 말고 혀 위에서 굴리면서 풍미와 혀에 닿는 느낌을 느껴 본다.

그런 다음 천천히 씹으면서 맛을 보고 삼킨다. 목을 통과할 때의 감각도 느끼면서 뱃속으로 넘어가는 모습, 건포도가 혈액이 되어 몸 구석구석까지 퍼지는 모습, 뼈와 근육으로 변화해가는 모습을 상상한다. 건포도가 없다면 초콜릿이나 아몬드 등 좋아하는 것으로 해도 괜찮다.

■ 눈을 가리고 먹어보자

인간의 감각은 80%가 시각에 의존해 있다고 한다. 그래서 이 시각을 차단하면 다른 감각이 민감해져 평소에는 느끼지 못 했던 기쁨을 만날 수 있다.

안대를 하고 식사를 하면서 음식 재료의 새로운 매력을 느끼는 '블라인드 레스토랑'은 스위스에서 생겨났는데 지금은 전 세계로 퍼져나가 일본에도 이런 레스토랑이 있다.

무엇을 먹는지 보이지 않기 때문에 다른 사람이 먹는 소리에도 신경이 가 청각도 더 적극적으로 쓰게 된다. 아이와 함께 가면 게임 하듯 음식 재료를 맞히거나 맛을 비교하면서 식사를 즐길 수 있다.

눈을 가리고 음식 재료 맞추기도 재미있다

■ 스크랩 북을 만들어보자

사회심리학자이자 미국 로욜라대학Loyola University 프레드 브라이언트Fred Bryant 교수에 따르면 과거의 좋은 추억은 현재의 행복감을 높여준다고 한다.

과거를 떠올리는 방법 중 하나로 브라이언트 교수는 '스크랩북 만들기'를 추천한다. 옛날 사진을 한 장씩 보면서 즐거운 추억을 수놓은 페이지를 아이와 함께 만들면 다시금 행복해져 즐거운 대화가 무르익는다고 한다.

■ 타인에게 주는 경험을 해보자

캐나다 브리티시컬럼비아대학The University of British Columbia의 연구에 따르면 사람은 선천적으로 다른 누군가에게 무엇인가를 줌으로써 행복을 느낀다고 한다.

만 2세 미만의 유아들도 자신이 다른 누군가에게 무엇인가를 받았을 때보다 해주었을 때 더 큰 기쁨을 보이는 것으로 나타났다. 심부름, 동생이나 반려동물 돌보기, 용돈으로 기부하기 등 자신이 누군가에게 도움이 되는 경험은 아이에게 기쁨이 된다.

METHOD 46

강점에 주목하기

- 주목하면 아이는 성장한다

‘행복’ 연구로 유명한 미국의 펜실베니아대학University of Pennsylvania 마틴 셀리그만Martin E. P. Seligman 교수는 “행복한 인생을 보내는 사람은 자신의 강점을 알고 이를 잘 사용하고 있다”고 말한다.

긍정심리학자 리 워터스 교수는 아이의 강점에 주목하는 부모를 둔 10대 아이들에게는 다음과 같은 심리적인 특징이 나타나는데, 부모가 아이의 강점에 주목하면 아이의 자존감이 높아진다고 자신의 저서 『똑똑한 엄마는 강점스위치를 켠다』(웅진리빙하우스 | 2019.6.24.)에서 밝혔다.

- 인생에 대한 만족도가 높다
- 기쁨과 희망 등 긍정적인 감정이 크다
- 자신의 강점을 잘 이해하고 있다
- 강점을 살려 숙제를 기한 내에 끝낸다
- 강점을 살려 친구들과의 문제를 해결한다
- 적극적인 방법으로 스트레스를 해소한다
- 일상적인 스트레스를 잘 느끼지 않는다

'강점'에 주목하려면 어떻게 해야 할까?

■ 부정적인 사고를 하지 말자

인간에게는 자기 약점은 잘 간과하는 무의식의 심리 메커니즘이 작동하고 있다. 더 안 좋은 점은 인정하고 싶지 않은 자신의 약점을 무의식적으로 상대에게 떠넘기려는 것이다.

이를 심리학에서는 '투사'이라고 하는데, 아이를 위해서라고 하지만 실은 자신의 소원을 아이에게서 바라는 경우가 여기에 해당한다.

그리고 뇌는 옳은 것보다는 틀린 것에 더 빨리 반응하도록 설계되어 있다. 따라서 부모는 무의식적으로 아이의 강점보다 약점이나 결점에 눈이 가기 쉽다는 사실을 인지해야 한다.

■ 강점 스위치를 켜자

워터스 교수는 부모가 부정적인 사고에서 벗어나지 못 해 아이의 약점이나 결점밖에 눈에 들어오지 않을 때는 의식적으로 뇌에 '강점 스위치'를 켜야 한다고 강조한다.

'강점 스위치'를 켜기 위해서는 ① 여러 번 심호흡 하고 ② '감정이 있는데 단지 감춰져 있는 것뿐이야. 아이의 강점을 찾는 스위치를 켜야 돼'라고 생각한다.

뇌는 의식이 향하는 곳으로 에너지가 흐르기 때문에 의식적으로 강점에 눈을 돌리면 자연스럽게 아이가 가진 강점에 관심이

가게 되어 있다.

■ 관찰하자

워터스 교수의 말에 따르면 강점에는 다음 3가지 요소가 있다고 한다.

- 성과 : 같은 연령대의 아이들보다 잘하는가? 금세 익히는가?
- 활기 : 신이 나서 열중하는가?
- 잦은 실행 : 비는 시간에는 무엇을 할 때가 많은가?

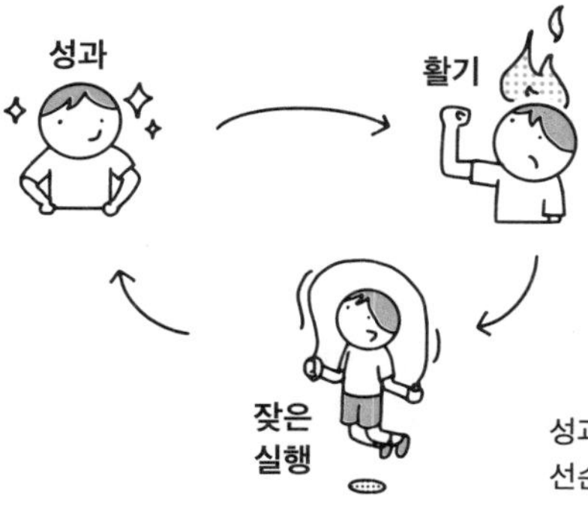

성과 - 활기 - 잦은 실행의
선순환이 강점을 더 강화한다

아이는 잘하게 되면 신이 나서 더 열중하고 더욱더 적극적으로 하려고 든다. 이렇게 강점의 3가지 요소는 선순환을 만들어 강점을 더 크게 성장시킨다.

워터스 교수는 3가지를 다 충족시키지 못하는, 예를 들어 '성과'에만 초점이 맞추어져 아이에게 잦은 실행만 밀어붙이면 그것은 강점으로 보일 순 있어도 진정한 강점은 아니라고 지적한다.

■ 관점을 바꾸자

약점이라 결점으로 보이는 것도 보기에 따라서는 자신의 강점이 되기도 한다. 컵에 물이 반 정도 담겨 있는 것을 보고 '물이 반밖에 남지 않았다'로 볼지 '물이 반이나 남아 있다'로 볼지의 문제이다. 말하기에 따라 이렇게 달라질 수 있다.

이는 심리학에서는 관점 바꾸기reframing라고 하며 실제로 심리요법에서 사용되고 있다.

[관점 바꾸기의 예]

- 잘 질린다 → 환경에 잘 적응한다 / 호기심이 왕성하다
- 대충이다 / 태평하다 → 느긋하다
- 침착하지 못하다 → 아이답다 / 건강하다
- 겁이 많다 / 우유부단하다 → 신중하다 / 조심성이 있다
- 반항적이다 → 자립심이 있다 / 자신의 의견이 분명하다
- 공부를 싫어한다 → 공부 외에 좋아하는 것이 있다
- 잘 까먹는다 → 연연해하지 않는다 / 새로운 것에 도전하는 것을 좋아한다

■ 강점 하나를 골라 알려주자

아이의 강점을 하나 골라 그 강점을 1주일 동안 지켜보고 알게 된 것을 아이에게 알려준다. 그런 다음 "숙제 열심히 했어. 끈기 있고 성실한 점에 감탄했어" "동생 옷 갈아입는 거 도와줘서 기뻤어. 배려심이 있어"라는 식으로 말해준다.

또는 아이에게 자신의 강점 중 하나를 고르게 한 다음 그 강점이 아주 잘 드러난 에피소드를 말해달라고 하는 것도 아이가 자신의 강점을 자각하게 하는 계기가 된다.

METHOD 47

동식물 키우기

- 돌보면서 따뜻한 마음이 자란다

자신보다 약한 사람이나 동식물을 아끼고 키우고 돌보고 싶어 하는 마음을 '양육성nurturance'이라고 한다. 이는 어른뿐 아니라 아이에게도 있다.

양육성을 느끼고 돌보는 것은 삶에서 활력의 원천이 된다. 특히 동물은 먹이를 주거나 쓰다듬어 주면 좋아하기 때문에 돌보는 보람을 바로바로 느낄 수 있다. 동물을 돌보면 배려심과 애정이 싹터 아이들의 마음도 함께 성장해간다.

'동물'을 잘 키우는 방법은 무엇일까?

■ 물고기와 곤충으로 시작해보자

경제적인 부담이 적고 울음소리나 냄새 문제도 거의 없으며 손이 많이 가지 않는 것이 바로 물고기와 곤충이다. 그중에서도 물고기는 송사리나 구피 혹은 금붕어 등이, 곤충은 공벌레나 달팽이 혹은 장수풍뎅이나 메뚜기 등이 기르기 쉽다.

■ 동물을 교육해보자

개나 고양이를 키울 때는 말을 듣지 않거나 주인을 무는 일이 없도록 반드시 교육해야 한다. 심리학자이자 오테마에대학 Otemae University 현대사회학부 나카지마 유카 中島 由佳 조교수는 반려동물에 대한 맹목적인 사랑은 반려동물의 문제행동으로 이어질 가능성이 높다고 충고한다.

동물은 항상 자신의 요구가 받아들여진다고 학습되면 자기가 가족 중 서열 1위라고 생각해 자신의 지위를 위협할 만한 가족의 행동에 스트레스를 받게 된다. 특히 생후 3개월이 지나면서부터는 새로운 자극에 대해 호기심보다는 공포심을 느껴 불안이 공격으로 이어지는 경우가 있다. 나카지마 조교수는 "세 살 버릇 여든까지 간다는 속담이 동물에게도 적용된다"고 말한다.

■ 집에서 키울 수 없을 때는 학교에서 경험하게 하자

나카지마 조교수팀의 연구에 따르면 집에서 동물을 기른 적이 없더라도 학교에서 동물을 돌보는 것을 충분히 배우면 아이에게 동물을 소중히 여기는 마음이 자라고, 이는 사람에 대한 배려심으로도 나타난다고 한다. 나카지마 조교수는 학교에서 아이들이 동물을 돌볼 때 안거나 쓰다듬는 시간을 갖는 것이 중요하다고 조언한다. 이러한 경험을 통해 동물이 좋아하는 것과 싫어하는 것을 학습하면서 애착을 키워간다.

자존감

■ 반려동물에게 책을 읽어주자

미국에서는 아이가 개에게 책을 읽어주는 프로그램이 있다. 이 프로그램은 책을 잘 읽지 못하는 아이나 친구와 대화를 잘 하지 못하는 아이가 개에게 1대 1로 약 15분간 책을 읽어주는 것이다. 아이는 다른 아이의 눈을 신경 쓰지 않아도 되고 잘못 읽어서 웃음거리가 될 것이라는 부담감도 없어 편안하게 책을 읽는 데 집중할 수 있다.

아이가 단어의 의미를 이해하지 못하는 것 같을 때는 "○○(개의 이름)는 그 말을 처음 들을 거야. 무슨 뜻인지 설명해줘"라고 말하며 아이와 함께 사전을 찾아본다. 상대가 개이기 때문에 아이는 모르는 것이 있어도 열등감을 느끼지 않고 자기 페이스대로 학습할 수 있다.

아이가 개에게는 긴장하지 않고
책을 읽어줄 수 있다

SECTION 4

창의력을 키우려면?

유연한 뇌에 많은 '자극'을 준다

CREATIVITY

METHOD 48

악기 배우기

- 즐기며 창의력을 키운다

미국 조지아공과대학[Georgia Institute of Technology]에 음악기술센터를 창설한 파라그 초르디아[Parag Chordia] 전 교수는 음악은 수학과 과학의 창의성에 불을 지피는 역할을 한다고 말했다. 음악과 아트는 사람의 삶과 마음의 자양분이 된다.

미국 버몬트대학[The University of Vermont] 제임스 후드지아크[James Joseph Hudziak] 의학박사팀 연구에서도 악기 연습이 아이들의 창의적인 표현력을 키워주는 데 큰 효과가 있는 것으로 나타났다.

영어로 '악기를 연주하다'는 단어는 '플레이[Play]'인데, 이 단어의 첫 번째 의미처럼 악기는 놀면서 배울 수 있다. 음악은 학교에서는 부교과에 속하지만 풍부한 창의성을 키우는 데는 꼭 필요한 요소이다.

연령별 '악기' 고르는 요령은 무엇일까?

■ 시작하기 좋은 시기는 만 5~9세

미국 서던캘리포니아대학[University of Southern California, USC] 손턴 음악대학[Thornton School of Music]의 로버트 A. 큐티에타[Robert A. Cutietta] 교수에 의하

면 아이의 뇌 발달을 고려하면 노래나 음악을 가지고 놀거나 음악을 접하는 것은 태어나면서부터 시작하는 것이 바람직하고 악기 레슨을 받아보는 것은 만 5세 무렵부터, 본격적 교육을 시작하는 것은 만 6~9세가 가장 좋다고 한다.

■ 피아노 배우기

피아노는 양손을 이용해 열 손가락을 각각 따로 움직이면서 지금 연주해야 하는 음의 정보와 다음에 칠 음표 정보 등 많은 양의 정보를 처리해야 하기 때문에 감성을 담당하는 우뇌와 언어 및 논리를 담당하는 좌뇌 모두 크게 자극한다.

이러한 이유에서 피아노는 다른 악기와 비교해 계획성과 사회성, 문제해결 능력, 운동 능력, 언어 능력 등과 같은 지능을 높여준다고 한다.

■ 바이올린 배우기

아이들 레슨을 많이 하는 바이올리니스트 니시타니 구니토[西谷国登] 씨는 바이올린은 부담 없이 다른 사람과 함께 연주할 수 있고, 함께 연주할 사람과 연습하면서 대화를 나눌 기회도 생겨 자연스럽게 사교성이 길러진다고 말한다.

바이올린은 작고 가벼워 여기저기 가지고 다니면서 다른 사람들과 함께 즐길 수 있는 악기이다. 피아노와 비교했을 때 저렴하다는 점은 매력적이지만, 오래 계속할 경우 아이의 성장에 맞추어 바이올린을 바꿔줘야 한다.

■ 드럼, 기타 배우기

요즘은 드럼이나 기타도 인기가 많다. 드럼은 두드리는 것만으로도 소리가 난다는 장점 때문에 아이들이 부담 없이 시작하기 좋고 전신을 쓰기 때문에 운동 능력 향상 효과도 있다.

기타는 기초 단계를 마스터할 때까지는 꽤 어려운 악기이지만 팝 뮤직을 연주할 수 있고 악기 가격이 비싸지 않다는 점 때문에 인기가 좋다.

열심히 하면 손에 잡힐 정도의
'명확한 목표'를 설정하면 아이가 집중하기 쉽다

■ 매일 짧게 연습하는 것이 포인트

연습을 억지로 하거나 장시간 하면 아이들이 악기 자체를 싫어하게 된다. 연습 시간은 아이의 집중력이 유지되는 10분 정도면 충분하다. 공부 습관과 마찬가지로 식사나 목욕하기 전 등 시간을 정해놓고 한다.

긍정심리학의 일인자 미하이 칙센트미하이Mihaly Csikszentmihalyi 교수는 연습에 집중하는 요령은 항상 목표를 명확히 세워두는 것이고 목표는 어려워도 연습하면 달성할 수 있는 수준으로 세우는 게 중요하다고 조언한다.

아이가 자신의 현재 목표를 잘 알고 있어야 어디에 에너지를 쏟을지 알 수 있기 때문에 집중하도 더 쉬워진다.

METHOD 49

진짜 체험시키기

- 몸을 움직여 오감을 자극한다

발달심리학자이자 '프로그래밍 교육의 아버지'라 불리는 매사추세츠공과대학MIT 시모어 페퍼트Seymour Papert 명예교수는 학교에서 배우는 지식뿐 아니라 스스로 체험하고 시행착오를 겪음으로써 더 깊은 배움에 도달할 수 있다고 강조하며 다음과 같은 말을 남겼다.

"지식은 이해한 것 중 극히 일부에 지나지 않는다. 진정한 이해는 '체험'에서 얻어지는 것이다."

어떤 '체험'이 좋을까?

■ 자연 체험으로 오감을 자극하자

페이스북 설립자인 마크 저커버그와 버락 오바마 전 미국 대통령에게도 영향을 주었다는 '몬테소리 교육'은 아이의 자립을 목표로 하는 교육법이다.

몬테소리 교육에서는 '감각 교육'을 중요하게 생각한다. 아이는 감각이 날카롭고 민감하기 때문에 우뇌에 대한 자극이 지적

활동의 기초를 구축한다. 시각, 청각, 후각, 미각, 촉각 등 오감을 발달시킴으로써 창의력과 표현력을 키울 수 있다.

이 때문에 몬테소리 교육에서는 자연 체험과 일상생활에서의 심부름 등을 통해 몸을 움직여 오감을 자극하는 것을 중시한다.

디즈니와 구글 본사의 사내 어린이집에 도입되어 최근 주목받고 있는 유아 교육법인 '레지오 에밀리아 접근법Reggio Emilia Approach'에서도 아이가 스스로 생각하고 손을 사용하고 몸을 움직여 활동을 즐기는 것을 교육의 핵심으로 삼고 있다.

자연 속에서 놀이를 통해 오감이 발달하게 한다

■ 직업 체험으로 주체성을 기르자

공립초등학교 교사로 다양한 교육법을 실천해 온 가루이자와 가자코시가쿠엔軽井沢風越学園 학원 이와세 나오키岩瀬 直樹 교장은 '자기 주도형 학습'을 제창했다.

그 일례로 이와세 씨는 초등학교 교원 시절 '작가의 시간'이라는 교육 방식을 도입했다. 아이들이 작가가 되어 각자 쓰고 싶은 주제로 작품을 쓰면 독자인 반 친구들이 읽어주는 활동이다.

글을 작성한 다음 여러 번 다시 읽고 수정해 다듬은 것을 누군가에게 보여주는 것이다. 친구들로부터 많은 피드백을 받아 작품의 완성도를 높여 가는 체험을 하다 보면 글쓰기 실력이 좋아진다고 한다. 아이들에게 별로 인기가 없는 작문 시간이 '쓰고 싶은 것을 쓰는 시간'이 되어 창작을 즐길 수도 있게 된다.

어린이 직업 체험 테마파크인 '키자니아'에서도 직접 체험해본 직업을 장래희망으로 꿈꾸게 된 어린이가 많다. 직업 체험을 통해 아이들은 주체적으로 행동하게 된다.

■ 창작 활동 체험으로 창의력을 자극하자

창작 활동이야말로 직접 체험이다. 작가의 시간이나 프로그래밍도 창작 활동의 하나이다. 스스로 만들고 싶은 것을 정한 다음 그것을 어떻게 실현할지 고민해가는 체험이 창의력이 커지도록 자극한다.

최근 차세대 교육환경의 하나로 '팹랩Fab Lab(Fabrication Laboratory,

제작 실험실)'이라는 것도 주목받고 있다. 팹랩은 3D프린터 등 최신기기를 이용해 간단하게 모형을 만들어볼 수 있는 공간이다.

2002년 MIT에서 시작되었는데, 이러한 공간은 현재 전 세계 90개국 1,000여 곳에 이른다. 기기 가격이 저렴해진 덕분에 일본에서도 조금씩 늘어나고 있으니 이런 곳에서 아이들이 창작 체험을 하면 세상에 하나뿐인 자신의 작품을 만드는 힘과 자신감이 생겨날 것이다.

METHOD 50

틀에 가두지 않기

- 간섭은 꾹 참는다

애플의 공동 창업자 스티브 잡스Steve Jobs는 "창조성이란 단지 점들을 연결하는 능력이다"라고 말했다. 기술이 다양한 교양과 융합되어야 비로소 우리의 가슴을 뛰게 하는 결과를 가져올 수 있다는 잡스의 신념에서 아이패드와 아이폰이 탄생했다.

스티브 잡스가 중시한 것은 '리버럴 아츠Liberal Arts'라는 것인데, 그 기원은 그리스 · 로마 시대 자유학예의 7과목(문법, 수사학, 변증법, 산술, 기하, 천문, 음악)에 있으며 전공과 직업훈련과는 다른 풍부한 교양을 가리킨다.

틀을 깬 발상이 요구되는 현대사회에서 하나의 전공만 파지 말고 기존의 교과와 분야의 틀을 뛰어넘은 폭넓은 교양을 쌓는 활동이 중시되고 있다.

'틀'에 가두지 않기 위해 주의할 점은 무엇일까?

■ 명령형을 쓰지 말자

"~해" "~해야 해(~하면 안 돼)"라는 말을 계속 하면 아이는 스스로 생각하려 하지 않는다. 이러한 명령이나 금지, 제한하는 표현을 'You 메시지'라고 한다.

반대 개념인 'I 메시지'는 자신의 기분을 전달하는 방법이다. "나는 ~면 걱정이야" "나는 ~해서 안심했어"라는 식으로 상대의 기분을 들으면 아이는 말을 조언으로 듣고 스스로 생각할 수 있게 된다. 즉 아이가 스스로 생각하고 행동할 수 있도록 하기 위해서는 명령형은 역효과이다.

■ 딱지를 붙이지 말자

예를 들어 아이가 산수 시험을 잘 못 봤을 때 "나도 못 했는데 네가 나를 닮았구나"라든가 "우리 집이 다 문과라서"라는 말을 들으면 아이는 정말로 '나는 산수를 못 해'라고 믿게 된다. 이는 주위의 낮은 기대가 낮은 성과와 결과를 초래한다는 심리학 현상으로 '골렘효과Golem effect'라고 한다.

"~에 적성이 있어" "~은 아무 도움이 되지 않아"라는 식으로 단정 짓는 행위도 아이의 시야를 좁힌다. 학교 공부와는 관계가 없어 보이거나 도움이 되지 않을 것 같아도 아이가 흥미를 갖고 열심히 하고 있는 일에는 참견하지 말고 지켜보도록 한다.

■ 아이의 선택을 존중하자

부모의 일방적인 기준으로 아이의 선택을 한정짓거나 부모가 대신 결정해버리면 아이의 숨겨진 가능성을 차단하는 결과를 초래할 수 있다.

사실 부모의 판단이 옳다는 보장도 없다. 오늘 어떤 옷을 입을지처럼 사소한 것에서부터 무얼 하며 놀지, 무엇을 배울지, 미래에 어떤 일을 해보고 싶은지까지 그 크기와 상관없이 아이 스스로 고르게 해야 한다. 이때 부모가 할 수 있는 것은 아이의 선택에 대해 아이디어를 주거나 알아봐 주는 정도이다.

아이의 선택이 부모의 기대에 미치지 못 하거나 벗어나면 부모들은 이를 막고 싶을 것이다. 그러나 잠시 멈춰 서서 아이가 자신의 생각에서 벗어나지 않기를 바라는 이기주의는 아닌지 스스로에게 자문해보자.

어쩌면 실패할 수도 있지만 실패에서 배우는 것도 성장할 기회라고 생각하고 그 선택을 존중하자. 실패를 포함한 경험들이 아이의 탄력성을 키우고 미래의 가능성으로 이어질 것이다.

스스로 생각해 스스로 결정하는 습관을 들이게 한다

METHOD 51

게임 허락하기

- 게임을 대화의 소재로 활용한다

게임(비디오 게임, 컴퓨터 게임)은 아이들이 시간 가는 줄 모르고 빠져서 하는 경우가 많아 부모의 골칫거리가 되고 있지만, 전 세계적으로 게임의 교육 효과에 대한 연구가 이루어지고 있고 다양한 장점이 있다는 사실도 밝혀지고 있다.

예를 들어 마인크래프트Minecraft라는 게임은 전 세계 교육 현장에서 이미 널리 활용되고 있다. 레고처럼 블록을 이용해 좋아하는 것을 만들어가는 게임인데, 레고와 다른 점은 만든 것을 자유롭게 움직일 수 있다는 것이다.

자기만의 독자적인 세계를 만들어가는 과정에서 나무를 자르는 도끼나 흙을 파는 삽과 같은 도구를 만들기도 하고, 효율적인 재료를 모으는 방법을 고민해야 하기 때문에 다양한 발상을 낳는 창의력과 문제해결력이 키워진다고 한다.

세대를 불문하고 인기가 높은 액션 게임에 관해서는 신경심리학자이자 스위스 제네바대학University of Geneva 다프네 바벨리어daphne Bavelier 교수가 집중력과 계획성, 비판적 사고력, 반사신경, 입체인지 능력(머릿속에 그린 물체를 회전시키는 능력) 등을 강화하는 효과가 있다고 밝혔다.

미국에서는 게임 개발자와 교육 전문가가 손잡고 게임학습을 기본으로 한 학교를 세우는 작업도 이미 시작됐다.

게임과 교육에 관한 연구 전문가인 도쿄대학 대학원 정보학환의 후지모토 도루 강사는 부모가 게임을 막연히 불안하게 생각하지 말고 오히려 적극적으로 관여하면 아이는 중독에 빠지지 않고 게임의 좋은 영향도 받을 수 있다고 말했다.

아이에게 '게임'을 허락할 때 주의할 점은 무엇일까?

■ 부모의 눈에 띄는 곳에서 하게 하자

부모의 눈에 띄는 곳에서 아이가 게임 하는 모습을 잘 지켜보는 것이 좋다. '게임기는 방으로 가지고 들어가지 않기' '게임기와 충전기는 거실의 정해진 곳에 두기' 등과 같은 규칙을 정해 놓고 철저히 지키게 한다.

■ 연령 제한을 참고하자

게임에는 폭력적이거나 성적인 장면이 포함된 경우가 있어 아이들에게는 부적절한 것도 많다. 특정비영리활동법인 컴퓨터엔터테인먼트레이팅기구CERO라는 조직에서는 게임소프트의 표현 내용에 따라 대상 연령 등을 표시하고 있는데, 아이의 게임을 고를 때는 'CERO A(전연령 대상)', 즉 기준이 가장 엄격한 것을 고르도록 한다.

■ 유료 게임에 주의하자

온라인 게임이나 스마트폰 게임 중에는 무료라고 광고하지만 실은 사행심을 자극해 아이템을 사게 하는 것들이 있다. 아이가 부모의 스마트폰이나 태플릿PC로 게임을 하면 자신도 모르게 결제가 되어 버리는 경우도 있으니 주의해야 한다.

■ 아이와 게임 이야기를 하자

후지모토 강사는 "야구나 축구에 대해서는 아이와 편하게 이야기를 나누면서 게임은 부모들이 관심이 없는 경우가 많아 아이와 이야기하는 경우가 극히 드물다. 게임으로 발생하는 아이와의 갈등은 이러한 대화 부족으로 인해 생기는 경우가 많다"고 지적한다.

적극적으로 게임 이야기를 꺼내거나 부모가 아이에게 게임을 배워 실제로 해보면 아이와 대화할 때 게임을 소재로 활용할 수 있다. 이렇게 하면 아이는 부모와의 관계가 돈독해졌다고 느껴 자율적으로 게임 시간을 컨트롤하는 등 자립심이 생겨난다.

■ "게임 해"라고 말해보자

아이가 약속을 지키지 않고 게임을 중단하지 않을 때는 너무 화가 나 게임을 아예 못 하게 하는 부모도 있다. 그런데 사람에게는 금지된 것은 더 하고 싶어지는 심리적 현상이 있는데, 이를 '칼리굴라 효과Caligula effect'라고 한다. 즉 게임을 못 하게 하는 것보다는 게임을 매일 하라고 강요하거나 게임 방법에 일일이 참견하는 것이 오히려 흥미를 잃게 할 수도 있다.

후지모토 강사는 부모 눈에는 아이가 게임만 하는 것처럼 보일지 모르지만 아이는 나름대로 하루를 열심히 바쁘게 보내고 잠시 한숨 돌리려고 게임을 즐기는 것이므로 이를 엄격하게 제한하면 오히려 몰래 게임을 하게 만들 수 있으니, 차라리 "숙제랑 집안일 도와주고 나면 실컷 게임 하면서 놀아도 좋아"라고 말하는 편이 아이가 스스로 게임을 얼마나 할지 생각하게 만들 것이라고 조언한다.

함께 게임을 하거나 아이에게 배우면서
게임을 대화 소재로 활용한다

METHOD 52

호기심 키우기

- 부모도 두근거릴 일을 찾는다

호기심은 창의력의 원천이다. 아인슈타인은 "감동하지 않는 사람은 죽은 자와 마찬가지다"라고 했다. 두근거리는 마음은 사람을 의욕적으로 만들고 행동 욕구를 자극한다.

2012년 경제협력개발기구OECD가 16~65세 성인을 대상으로 실시한 조사에서는 일본의 학력은 수적 사고력 등에서는 세계 최고 수준인 반면 새로운 방법으로 배우고자 하는 의욕은 낮은 것으로 나타났다. 만 20세 일본인의 호기심은 스웨덴의 만 65세 수준이라고 한다.

지금은 기술의 발달로 무엇이든 그 자리에서 인터넷 검색을 통해 필요한 정보를 바로 손에 넣을 수 있게 됐다.

반면 이러한 편리함 때문에 모르는 것을 굳이 적극적으로 알아보려는 호기심은 약해졌다는 지적도 있다.

아이들에게는 '새로운 것을 알고 싶다' '모르는 것을 배우는 것은 즐겁다'는 두근거림을 느끼고 키울 수 있는 감동 체험이 필요하다.

'호기심'을 자극하려면 어떻게 해야 할까?

■ 바로 알려주지 말자

인터넷만 있으면 모르는 것을 바로 찾아볼 수 있고 관련 링크를 계속 클릭하다 보면 점점 더 많은 정보가 들어온다.

부모가 아이의 의문에 대해 이런 식으로 답을 하면 아이는 문제를 해결한 듯한 기분이 들지만 쉽게 얻은 답은 기억에 남지 않는 경우가 많다.

'왜 이런 거지?' '알고 싶어!'라는 궁금증을 가지고 스스로 도서관에 가서 책을 찾아보는 등 굳이 시간을 들여 확인하는 행동이 호기심을 키워준다. 부모는 아이가 스스로 조사하는 방법을 알려주는 정도의 도움을 주는 것이 좋다.

■ 도감을 늘 곁에 두자

뇌과학자이자 도호쿠대학 다키 야스유키瀧靖之 교수는 공룡, 우주, 곤충, 동물, 물고기, 식물, 인체, 화석 등의 다양한 도감을 아이가 언제든 꺼내 볼 수 있는 곳에 놔둘 것을 추천한다.

처음에는 부모가 함께 읽으면서 "이것 말고 또 뭐가 있을까?"라는 식으로 질문을 던져 즐겁게 호기심을 유도한다. 최근 도감 부록으로 제공되는 DVD는 화질도 좋은 데다 생동감이 넘쳐 아이의 호기심을 자극하기에 충분하다.

■ 좋아하는 것에 빠지게 하자

아이가 포켓몬스터의 캐릭터나 파워레인저의 히어로에 빠져 있다면 제대로 빠지게 해주자. 1가지에 빠져 본 경험은 호기심을 채우려는 힘의 원천이 된다. 다키 교수는 파워레인저의 히어로나 캐릭터에는 모티브가 있는 경우가 많아 우주나 별자리, 공룡 등에 흥미를 갖게 될 수도 있다고 말한다.

■ 부모에게도 두근거림이 필요함을 명심하자

아이에게 일방적으로 도감을 쥐어주고 "읽어"라고만 하고 정작 부모가 아무런 관심을 보이지 않으면 아이는 호기심을 느끼지 못한다. 부모도 자신의 호기심을 채우기 위해 모르는 것이 있으면 찾아보는 습관을 갖거나 새로운 지식을 다른 사람에게 전달할 때의 두근거림을 표현해야 아이도 새로운 것을 배워야겠다는 의욕을 느낄 수 있다.

■ 밖에 데리고 나가자

도감으로 지식을 얻었다면 지식의 깊이를 더하기 위해 아이를 데리고 자연이나 박물관 등을 찾아 밖으로 나서보자. 책상에서 지식을 얻은 다음 오감을 이용해 실물을 체험하는 과정을 반복하다 보면 뇌가 광범위하게 자극을 받아 호기심의 밑거름이 완성된다.

도감에서 얻은 지식을 자연 속에서 체험시킨다

METHOD 53

긍정적인 표현으로 이야기하기

- 부정적인 사고를 바꿔준다

인간은 부정적인 감정이나 사고는 잘 잊지 못하고 자꾸 그러한 생각에만 빠지는 경향이 있다. 진화하는 과정에서 공포와 불안, 분노와 비난 등과 같은 부정적인 감정을 통해 생명의 위험으로부터 몸을 지켜왔기 때문에 뇌가 이런 부정적인 감정이 중요하다고 판단하게 됐기 때문이다.

부정적인 감정은 긴장과 피로감, 무기력감이나 자신감 부족 등을 초래해 실패를 두려워하지 않고 새로운 것에 도전하려는 마음과 행동에 제동을 걸어 버린다.

국제긍정심리학회 이사 이로나 보니웰Ilona Boniwell 박사는 부정적인 감정을 '어깨에 앉아 생각의 습관을 만드는 앵무새'에 비유하며 아이의 습관화된 감정을 바꿔나가는 프로그램을 개발했다. 여기서 말하는 앵무새는 모두 7종류로 다음과 같다.

① "누군가의 탓이다"라고 말하는 비난 앵무새

② "그건 옳지 않아"라고 말하는 정의 앵무새

③ "나는 다른 애들보다 열등해"라고 말하는 패배자 앵무새

④ '분명 나쁜 일이 일어날 거야…'라고 믿는 걱정 앵무새

⑤ '불가능하지'라고 생각하는 포기 앵무새

⑥ "내가 나빠" 하며 자신을 탓하는 죄책감 앵무새

⑦ "나와는 관계없어"라며 문제를 회피하는 무관심 앵무새

아이가 부정적인 사고에 빠져 있을 때는 이 앵무새 중에서 어느 앵무새가 아이의 어깨에 앉아 있는지 함께 생각해보고 그 앵무새를 쫓아낼 방법을 고민한다. 그리고 앵무새가 내뱉는 부정적인 표현을 긍정적인 표현으로 바꿔 나간다.

이렇게 기분을 바꿔 나가면 아이의 긍정적인 기분과 행동을 이끌어 낼 수 있다.

'긍정적인' 대화법에는 무엇이 있을까?

■ 앵무새의 말을 바꿔보자

먼저 아이의 부정적인 감정에 "맞아" "이해해"라며 공감해준 다음 "조금만 긍정적으로 말을 바꿔 보면 어떻게 될까?"라고 말을 건넨다.

그런 다음 앵무새의 말을 상상해보고 "그렇지만…"이라는 말에 이어 어떤 말을 이어가면 긍정적인 행동을 하게 될지 생각해보게 한다.

예를 들어 "걔가 잘못했어"라고 말하는 비난 앵무새에게는 "그렇지만 내가 잘못한 것도 있을지 모르니까 고쳐봐야지"라고 말

을 바꾸어본다.

"잘 될지 불안해"라고 말하는 걱정 앵무새에게는 "그렇지만 안 하는 것보다 하는 게 좋은 경험이 될 거야"라고 바꾸어보자.

그리고 "난 못 해"라고 말하는 포기 앵무새나 패배자 앵무새에게는 "그렇지만 조금 더 열심히 해봐야지"라는 식으로 말을 이어가면 부정적인 감정이 긍정적인 감정으로 조금씩 바뀌어 간다.

■ 자기 어깨 위에 앉히고 싶은 앵무새를 생각해보자

부정적인 말을 하는 앵무새가 아니라 어떤 말을 해주는 앵무새가 있으면 좋을지 아이와 함께 생각해본다. "괜찮아! 할 수 있어"라고 말해주는 격려 앵무새나 "잘 하고 있어, 긴장 풀어"라고 말해주는 릴랙스 앵무새 등 용기를 주거나 안심시켜주는 앵무새를 자유롭게 상상해본다.

■ "Yes, and"의 대화를 하자

꿈과 같은 이야기를 할 때 아이의 마음은 긍정적인 감정으로 가득 차 있다. 그런데 어른들은 자꾸만 현실적으로 생각해 "그건 어려워……"라며 아이의 말에 찬물을 끼얹을 때가 있다.

또는 "그건 훌륭한 생각이야. 그렇지만……" 하고 일단 긍정해놓고 실현 가능성이 낮은 이유를 들어 결국은 부정하는 방식(Yes, but)도 아이의 감정을 부정적으로 만들어버린다.

창의력의 산실인 실리콘밸리에서는 자유로운 발언이나 아이디어를 차단하지 않기 위해 "Yes, and" 마인드가 일상화되어 있다고 한다. "그렇군, 그래서……"라며 발상을 좀 더 파고들어 질문을 던진다.

아이에게도 "그래서 어떤 걸 할 수 있어?"라든가 "그건 어떻게 하면 실현 가능할까?"라는 식으로 긍정적인 대화를 하면 아이의 창의력을 긍정적으로 키워갈 수 있다.

METHOD 54

아트(Art) 체험하기

- 다양한 감상을 편하게 나눈다

미국 최고의 미술대학 로드아일랜드 디자인 스쿨Rhode Island School of Design, RISD의 존 마에다John Maeda 전 총장은 다음과 같이 말했다.

"20세기의 세계 경제는 사이언스와 테크놀로지가 바꾸었지만, 21세기의 세계 경제는 아트와 디자인이 바꿀 것이다."

실제로 최근에는 고정관념을 깨고 자유로운 발상을 가져온다고 해서 아트가 비즈니스의 세계에서도 중시되고 있다. 예술작품을 직접 접하고 받은 감동은 창의력을 자극한다. 컬럼비아대학 예술교육연구센터가 실시한 조사에서는 예술 수업을 많이 받는 학생일수록 창의력이 높은 것으로 나타났다.

그래픽 디자이너이자 도쿄공예대학Tokyo Polytechnic University 후쿠시마 오사무福島 治 교수는 "아트 감상은 우뇌를 자극해 평소와는 다른 발상으로도 이어진다"고 말했다. 아트를 감상하고 느낀 점을 표현하거나 다른 감상자의 해석을 들으면 전혀 새로운 발상이 가능해진다.

효과적인 '아트 감상법'이란 무엇일까?

뉴욕 현대미술관MoMA에서 개발한 '대화형 미술 감상법'이라는 교육프로그램은 15~20분 동안 그룹으로 하나의 작품을 충분히 감상한 다음 전문 학예원 지도에 따라 작품에서 느낀 점이나 생각한 것에 대해 서로 이야기를 나누는 방식이다.

이 프로그램은 세계 각국의 교육 현장에 도입됐으며, 특히 미국에서는 약 300개 학교 및 약 100개의 미술관과 박물관에 도입됐다. 가족끼리 외출할 때도 이 감상법을 참고하면 좋다.

■ 가벼운 마음으로 미술관을 방문하자

특별한 준비나 '아이에게는 아직 어려울 거야' '제대로 감상 못 할 거야'라는 걱정은 필요 없다. 진품을 본다는 데 의의를 두고 아이와 함께 즐긴다는 정도의 가벼운 마음으로 외출해보자.

■ 마음에 드는 작품을 골라보자

작가가 누구고 어떤 기법으로 어느 시대에 그려졌는지 등은 몰라도 된다. 오히려 미술 지식 없이 백지 상태에서 작품을 보고 아이와 마음에 드는 작품을 골라본다.

■ 작품 앞에서 아이와 대화해보자

다음은 마음에 드는 작품을 앞에 두고 상상의 나래를 펼쳐 본다. '대화형 아트 감상법'에서는 3가지 질문을 던진다.

- 이 작품 속에서는 무슨 일이 벌어졌을까?
- 작품의 어느 부분에서 그렇게 생각했나?
- 또 발견한 것이 있나?

정답은 없기 때문에 자유로운 발상으로 깊이 파고들 수 있다. 그리고 아이의 이야기가 매끄럽지 못할 때는 "이런 이야기야?"라는 식으로 정리해서 물어봐 주면 아이가 자신의 생각이 무엇인지 분명하게 알게 되고 어휘력을 늘리는 데도 도움이 된다.

창의력

질문함으로써 아트에 대한 흥미를 끌어낸다

■ 다양한 의견을 주고받자

후쿠시마 교수는 "대화형 아트 감상으로 다양한 의견을 접하게 되면 사람마다 감상이 다르다는 것을 경험하게 된다"고 말한다. 가족이나 친구들과의 자유로운 대화를 통해 다양한 의견을 수용하는 토양이 생기면 아이에게 새로운 아이디어가 잘 떠오르게 된다.

METHOD 55

몰입(flow)시키기

- 몰입을 방해하지 않는다

몰입한다는 것은 마치 몸의 감각이 사라질 정도로 시간을 잊고 무엇인가에 깊이 집중하는 것을 말한다. 이를 긍정심리학자 미하이 칙센트미하이 교수는 '몰입 경험'이라고 부른다. 일반적으로는 자기가 좋아하는 것을 할 때 일어난다고 한다.

칙센트미하이 교수가 실시한 조사에서 창의성이 넘치는 예술가나 과학자, 스포츠 선수 등 다양한 세계에서 활동하는 사람들은 예외 없이 '몰입 경험'이 있는 것으로 나타났다.

유아교육자이자 의사이기도 했던 마리아 몬테소리 Maria Montessori 박사도 몰입이라는 개념이 아직 존재하지 않았을 때부터 이미 몰입하는 아이들의 모습에 주목해 계속 관찰했고 몰입할 수 있는 체험을 '몬테소리 교육'의 핵심으로 삼았다.

사회심리학자이자 하버드대학 경영대학원 테레사 아마빌 Teresa Amabile 명예교수는 상과 돈, 평가 등 주위에서 주어지는 것보다 흥미와 즐거움, 만족감과 보람 등 안에서 샘솟는 동기부여가 높을수록 사람은 창조적으로 된다고 말했다.

아이가 언제 몰입 상태가 되는지 유심히 관찰해보면 아이가 하고 싶은 것과 잘하는 것이 보일 것이다.

'몰입 체험'을 시키려면 어떻게 해야 할까?

■ 심플한 환경을 만들자

캘리포니아대학 로스앤젤레스 캠퍼스에서 임상 조교수를 역임한 교육심리학자 샬롯 레즈닉Charlotte Reznick은 아이의 창의성을 키우기 위해서는 환경을 '심플하게' 만들어야 한다고 말한다.

환경이 심플하면 정신이 분산되지 않아 흥미가 있는 것에 집중할 수 있고 상상의 나래를 펼치거나 다양한 생각을 할 수 있다. 선반이나 장난감 바구니에 천을 덮어 놓는 것만으로도 효과가 있다.

■ 스크린은 끄자

발달심리학자이자 미국 템플대학Temple University 캐시 허시-파섹Kathy Hirsh-Pasek 교수는 98%의 사람이 한 번에 여러 가지를 소화하는 멀티태스킹multitasking을 어려워하고, 집중하기 위해서는 주위의 자극이나 노이즈를 차단해야 한다고 말한다.

특히 스마트폰의 유혹은 엄청나게 강해 아이들은 항상 스크린의 자극에 노출되어 있다. 무엇인가에 몰두하거나 집중할 때는 스마폰이나 게임기, TV는 멀리해야 한다.

■ 적극적인 활동 시간을 늘리자

자유시간은 적극적으로 보내느냐 수동적으로 보내느냐가 중요한 포인트다. 칙센트미하이 교수는 TV를 보면서 쉬거나 쇼핑몰을 여유롭게 돌아다니는 것이 나쁜 것은 아니지만 문제는 그것이 적당한 수준인지의 여부라고 지적한다.

자유시간을 수동적인 활동들로 채워버리면 에너지 소비는 적지만 몰입을 체험하기 어렵기 때문이다. 칙센트미하이 교수팀의 연구에서는 스포츠나 취미 등 자유시간에 적극적인 활동을 하면 수동적인 활동을 할 때와 비교해 몰입 경험이 약 3배로 늘어나는 것으로 나타났다.

독일에서 실시된 대규모 조사에서는 책을 많이 읽으면 읽을수록 더 많은 몰입 경험이 가능하지만, TV를 보면 반대의 경향이 나타나는 것으로 보고됐다.

■ 서두르지 말자

할리우드의 귀재 스티븐 스필버그 감독의 어머니는 공부는 하지 않고 8mm 카메라로 장난감 기관차가 충돌하는 신을 필름에 담는 데만 빠져 있던 아들을 시종일관 따뜻한 눈길로 지켜봤다고 한다.

아이가 일단 몰입하기 시작했다면 부모는 그 몰입을 잘 유지할 수 있도록 배려해 가능한 한 "곧 ○○할 시간이니까 빨리 해"라고 재촉하거나 "이제 그만!"이라고 중간에 중단시키는 일이 없도록

창의력

한다.

■ 부모도 몰입할 수 있는 것을 찾자

아이는 부모가 무엇인가 즐겁게 하고 있으면 흥미를 보인다. 그리고 즐거워 보이면 바로 흉내 낸다. 부모가 눈을 반짝이며 무엇인가에 몰입한 모습을 보여주면 아이도 자연스럽게 흥미를 갖게 되는 것이다.

METHOD 56

만들기로 시행착오 경험시키기

- 손을 움직여 답을 찾게 한다

게이오기주쿠대학Keio University 종합정책학부의 이바 다카시井庭 崇 교수는 시대별 사회적 키워드로 고도성장기에는 '소비' 21세기 초에는 '정보(커뮤니케이션)' 그리고 앞으로는 '창조'를 들었다.

앞으로의 사회에서는 본격적으로 무엇인가를 만드는 경험을 통해 지식과 스킬을 습득하고 시야를 넓혀 성장해가는 학습법이 중시될 것이라고 한다.

만든다는 것은 물리적인 '공작'만을 의미하지 않는다. 사회의 다양한 문제에 대한 새로운 해결책이나 시스템을 만드는 것도 포함된다. 여기에는 정답이 하나가 아니고 다른 사람들과 힘을 모아 인내심을 갖고 시행착오를 반복하면서 함께 나름의 답을 찾아가게 될 것이다.

■ 시행착오를 할 수 있는 힘을 키워주자

MIT의 발달심리학자인 시모어 페퍼트 명예교수는 만들면서 배울 때 가장 중요한 것은 실수한 부분을 수정해 다시 만들어 실행해보는 디버그debug(버그 제거하기) 과정이라고 말한다.

사회학자이자 캘리포니아대학 버클리Berkeley 캠퍼스 크리스틴

카터Christine Carter 선임연구원은 아이의 디버그 경험을 위해 필요한 것으로 다음의 4가지를 들고 있다.

'디버그 경험'을 위해 필요한 4가지는 무엇일까?

① 전용 장소를 마련해준다

아이가 자유롭게 자신의 세계를 만들어갈 수 있도록 어지럽히거나 더럽혀도 되는 '공작 공간'을 정해 준다.

② 자유시간을 준다

어른이 일절 관여하지 않고 아이가 자유롭게 보낼 수 있는 시간을 준다. 단 게임이나 시판 장난감을 가지고 노는 것은 못 하게 한다.

③ 재료를 준비해준다

그림을 그리거나 공작을 할 수 있는 도구나 헌옷과 빈 상자 등과 같은 잡동사니, 나무블록이나 레고 등을 항상 같은 자리에 놓아둔다(카터 씨는 아이에게 부모가 더는 사용하지 않는 카메라를 주는 것도 좋다고 추천한다).

④ 부모가 판단하지 않는다

아이가 무엇인가 하려 했을 때 "그건 안 돼"라든가 "이 아이디어가 좋아"라는 식으로 어른이 판단해버리면 아이의 창의성은 위축된다. 아이가 만들고 싶은 것이나 하고 싶은 것에 대해 어른의 시각에서 판단하지 말고 아이 스스로 좋아하는 것에 도전하게 한다.

■ 프로그래밍을 가르치자

이상의 4가지에 더해 프로그래밍을 통해서도 만드는 즐거움을 맛보게 할 수 있다. 프로그래밍은 한 번에 잘 되는 경우는 거의 없고 여러 번 디버그를 반복해야 겨우 원하는 대로 움직이게 되어 있다.

아이에게 프로그래밍을 가르치는 가장 큰 의의는 시키는 대로 정확히 과제를 완성하는 것이 아니라 인내심을 가지고 여러 번 수정하면서도 끝까지 해내는 힘을 키우는 데 있다.

만드는 과정에서 시행착오를 통해
끝까지 해내는 힘을 키운다

METHOD 57

풍부한 상상력 키우기

- 지금은 쓸모없어 보여도 미래에 힘이 된다

러시아의 심리학자 레프 비고츠키Lev Semenovich Vygotsky 박사는 “인간의 상상력은 창의력의 중요한 자양분이 된다”고 말했다. 그러면서 놀이나 취미에 다양한 창조의 소재가 있음도 언급했다.

상상력은 예술적인 분야뿐 아니라 과학, 그리고 일상생활이나 인간관계에서도 빼놓을 수 없는 능력이다. 비고츠키에 따르면 상상력은 일부 천재에게만 있는 특수한 능력이 아니라 모든 사람에게 있다고 한다.

스페인의 입체파 화가 파블로 피카소Pablo Ruiz y Picasso도 “모든 어린이는 예술가다. 문제는 어른이 되어서도 여전히 예술가로 남을 수 있느냐이다”라는 말을 남겼다.

아이가 갖고 태어나는 상상력을 망가뜨리지 말고 풍부하게 키워주면 새로운 미래를 창조해가는 힘이 될 것이다.

풍부한 ‘상상력’을 키우려면 어떻게 해야 할까?

■ 자유롭게 놀게 하자

어린이를 위한 프로그래밍 언어인 ‘스크래치Scratch’를 개발한

MIT의 미첼 레스닉Mitchel Resnick 박사는 유치원에서 아이들이 학습하는 모습에 주목해 "모든 세대의 학습자는 유치원생처럼 배워야 한다"고 말한다. 아이들이 스스로 선택한 놀이를 즐기면서 실험하고 만드는 등 다양하게 도전하는 경험이 매우 중요하기 때문이다.

그런데 아이들의 스케줄을 모두 학원으로만 꽉 채우거나 TV나 게임, 유튜브에 시간을 뺏긴다면 내면에서 솟아나는 상상의 싹을 알아차릴 겨를이 없다. 부모는 아이에게 아이의 속도에 맞추어 충분한 시간을 만들어 줘야 한다.

■ 장난감은 많이 주지 말자

미국 톨레도대학University of Toledo 아동발달학 연구팀에 따르면 장난감이 부족하면 아이들은 더 긴 시간 집중해 놀고 탐구심과 상상력도 더 잘 발휘하는 것으로 나타났다. 아이에게는 오히려 빈 상자나 빈 깡통과 같은 것이 장난감 이상으로 상상력을 자극하는 즐거운 놀이도구가 된다.

■ 친구와 놀게 하자

놀 때나 무엇인가를 만들 때는 협력하거나 공유하는 등 서로 자극할 수 있는 친구가 있으면 상상력이 더 풍부해진다.

■ 책을 읽게 하자

독서는 현실에서는 경험할 수 없는 일을 상상 속에서 경험하게 해준다. 책 읽어주기는 부모가 아이와 함께 상상의 세계로 빠져들 수 있는 즐거운 시간이다.

■ 좋은 응답법으로 반응하자

언어의 발달은 어린이들의 상상력에 영향을 미친다. 의하면 예를 들어 아이가 구름을 보고 "○○처럼 보여"라고 말하면 "그러네"라고만 하지 말고 "엄마(아빠)한테는 ××로도 보여"라고 부모가 생각하는 이미지도 말해주는 것이 좋다고 와타나베 야요이 교수는 말한다. 아이는 어른과의 이런 대화를 통해 어휘력이 풍부해져 상상의 나래를 펼쳐간다.

다양한 대답을 통해 상상력을 자극한다

■ 쓸모없어 보여도 지켜보자

심리학에서는 상상은 아무 것도 없는 상태에서 솟아나는 것이 아니라 과거의 경험을 소재로 삼아 떠오른다고 한다. 어른에게는 '대체 왜 그런 데 집착하지?'싶어 이해가 안 되는 것도 아이에게는 경험 하나 하나가 다 지금의 아이에게 필요한 것이다. 그러니 어른 눈에는 쓸모없어 보이는 행동을 아이가 하더라도 끝까지 지켜봐주는 것이 중요하다.

METHOD 58

명상하기

- 아이와 함께 즐겁게 한다

'마음챙김mindfulness'이란 좌선의 명상을 기원으로 하는 명상법의 하나로, 최첨단 뇌과학이나 정신의학 분야에서도 연구가 이루어지고 있다. 마음챙김에서는 현재 이 순간에 집중하고 이를 있는 그대로 받아들임으로써 뇌의 피로를 풀어준다. 그럼 불안과 긴장, 압박감 등과 같은 스트레스가 줄어 마음이 더 긍정적이고 긴장이 풀린 상태가 되어 행복도가 높아진다고 한다.

마음챙김은 세계적인 엘리트나 유명 운동선수들이 실천하면서 주목받기 시작했는데, 현재는 발상지인 미국을 비롯해 세계 각국의 교육 현장에도 도입되고 있다. 네덜란드 에라스무스대 연구팀에 의하면 하루 10분 정도 마음챙김 명상을 하면 창의력이 높아지는 효과가 있다는 사실도 밝혀졌다.

즐겁게 '명상'하는 방법은 무엇일까?

■ 앉아서 천천히 호흡하자

등을 쭉 펴고 앉아 배와 어깨의 힘을 뺀다. 책상다리를 하고 앉아도 좋다. 손은 허벅지 위나 배 위에 올려놓는다. 눈은 감거나 힘을 빼고 앞을 본다. 천천히 코로 숨을 들이마셔 배가 부푸는 것을 느끼고, 숨을 내쉴 때는 배가 홀쭉해지는 것을 느낀다.

이때 공기가 코를 통과하는 느낌에 집중한다. 잡념이 들어도 호흡에 집중하면서 이를 3분 정도 반복한다.

■ 부모도 함께 하자

부모가 함께 하면 아이에게 습관 들이기가 더 쉬워진다. 오비린대학 야마구치 하지메 교수는 "아이에게 스트레스를 주는 가장 큰 원인은 부모의 스트레스이다. 부모가 마음챙김을 함께 실천하면 아이의 스트레스도 줄일 수 있다"고 말한다.

■ 몸의 움직임에 집중하자

마음챙김의 일인자로 예일대학Yale University에서 첨단뇌과학연구에 힘써온 구가야 아키라久賀谷 亮 의사는 앉아서 가만히 명상하는 것이 힘든 사람에게는 '움직이는 명상Movement Meditation'이라는 명상법을 추천한다. 이 명상법은 몸의 움직임에 최대한 집중하여 머릿속 잡념을 날려버린다.

예를 들어 다리를 어깨너비로 벌리고 근육과 관절이 어떻게 움직이는지 집중하면서 팔에 힘을 빼고 천천히 위로 올린다. 팔을 끝까지 올리면 일단 멈추고 근육의 상태, 벌린 다리 등에 집중한다. 그런 다음 천천히 팔을 내린다. 이를 여러 번 반복한다.

움직이는 명상법

움직이기 편한 차림을 한다

① 다리를 어깨너비로 벌린다
② 팔에 힘을 빼고 밑에서 위로 천천히 올린다
③ 팔을 다 올렸으면 멈추고
근육과 관절의 움직임에 집중한다
④ 천천히 팔을 내린다

■ 같은 시간, 같은 장소에서 하자

구가야 의사는 매일 같은 시간, 같은 장소에서 더 오래 지속해야 효과가 있다고 말한다. 뇌를 변화시키기 위해서는 지속적인 작용이 중요하다. 게임이나 TV의 유혹이 없는 조용한 곳에서 하루 3분 × 3회를 목표로 취침 전과 목욕 전 등 시간을 정해 놓고 실천한다.

■ 감각을 자극하자

야아구치 교수는 아이들에게는 감각을 쓰는 것도 마음챙김이 된다며 점토 놀이, 흙장난, 핑거 페인팅 등 촉각을 자극하는 놀이로 명상과 같은 효과를 얻을 수 있다고 말한다.

METHOD
59

멍 때리기

- 아이들은 의외로 피곤하다

뇌는 체중의 2% 정도 무게지만 몸이 소비하는 전체 에너지의 20%를 사용한다. 그리고 뇌의 소비 에너지의 60~80%가 디폴트 모드 네트워크DMN, default mode network라는 뇌회로에 쓰인다.

DMN은 뇌가 의식적인 활동을 하지 않을 때, 즉 멍한 상태일 때 활성화되는 영역이다. 자동차의 공회전 상태에 비유할 수 있는데, 앞으로 일어날지도 모르는 사건에 대비하기 위해 다양한 뇌 활동을 정리 정돈하는 데 중요한 역할을 한다.

최근에는 연구가 진행되면서 DMN이 우리의 뇌 안에 흩어져 있는 '기억의 조각들'을 무의식중에 연결해 '새로운 발상'을 만들어내는 것은 아닌가 하는 측면에서 주목받고 있다.

아이가 멍하니 있으면 어른들은 시간을 낭비한다고 생각하는 경우가 많은데, 아이들은 매일 학교생활만으로도 넘칠 만큼 자극을 받아 몸도 뇌도 어른이 생각하는 것 이상으로 지쳐 있다.

예일대학 감성지능센터가 개발한 감정교육 보조 도구인 '무드미터Mood Meter'는 지금 기분이 어떤지를 색으로 구분해 도식화해 보여준다. 부모는 에너지도 즐거움도 큰 '노랑 존'에 아이가 있기를 항상 바라지만, 아이에게는 에너지는 적고 즐거움은 큰 온화하고 여유로운 '초록 존'에서 멍하니 있는 시간도 필요하다. 멍 때리는 시간은 아이의 창의력을 키우는 데 매우 귀중한 시간이다.

'멍 때리게' 하는 방법은 무엇일까?

■ 멍 때릴 시간을 만들어주자

아이가 하루 중 멍하니 공상할 수 있는 시간을 만든다. 딸을 전미 최우수 학생으로 키워낸 엄마이자 라이프 코치인 보크 시게코[Bork Shigeko, ボーク重子] 씨는 딸이 미국 굴지의 명문 초등학교에 다니던 시절 학교로부터 독특한 숙제를 받았는데, 그것이 바로 '매일 20분 공상하기'였다고 한다.

보크 씨는 크레용이나 미술도구가 있는 '아트룸'이라는 공간을 만들어 아이가 초등학교 6학년이 될 때까지 매일 20분 동안 자유롭게 시간을 보내게 했다. 보크 씨는 "공상도 매일 20분씩 하면 질린다. 그렇지만 이 '질림'도 실은 매우 중요하다. 사람은 질리면 창조적으로 될 수 있기 때문이다"라고 회상한다.

■ 쉽게 지치지 않는 뇌를 만들자

DMN가 지나치게 활성화되면 피로감이 쌓이고 이로 인해 집중력과 행동력이 떨어진다. 반대로 DMN의 활동을 억제하는 뇌 구조를 만들면 피로감을 잘 느끼지 않게 된다.

DMN의 활동을 억제해 잘 지치지 않는 뇌를 만들기 위해서는 스마트폰이나 PC, TV 등과 같은 '스크린'을 멀리하는 것과 마음챙김 명상이 효과적이다.

METHOD 60

책 속에서 생활하기

- 독서는 머리를 좋게 하는 만능 습관이다

독서 습관은 전 세계 리더들의 공통된 특징 중 하나이다. 책은 일에 도움이 되는 정보뿐 아니라 새로운 아이디어를 위한 '지혜'를 준다.

아이들에게도 책은 시야를 넓히는 소중한 도구이다. 독서를 통해 매력적인 인물을 만나기도 하고 새로운 흥미를 찾게 되면 두근거림도 경험시켜준다. 이렇게 독서는 상상력과 창의력의 밑거름이 되고 이밖에도 다양한 능력을 키워준다.

그 첫 번째가 바로 '독해력'이다. 어릴 때는 책을 읽고 안 읽고의 차이가 크게 드러나지 않지만 나이가 들면 조금씩 벌어진다. 심리학자이자 토론토대학 키이스 스타노비치Keith E Stanovich 명예교수는 독서에도 마태 효과Matthew effect가 존재한다고 말한다.

마태 효과란 성경 구절에서 따온 용어로 '가진 자는 더 부유해지고 가난한 자는 더 가난해진다'는 개념이다. 꾸준한 독서로 이해력이 계속 높아지는 아이도 있지만, 독서를 하지 않아 이해력이 점점 평균조차 따라가지 못하는 아이도 있는데, 그 차이는 성장하며 계속 벌어진다.

어휘력도 발달한다. 베네세코퍼레이션의 어휘 조사에 따르면 고등학생, 대학생 모두 독서를 좋아하는지 여부와 독서량의 차이가 어휘력과 연관성이 매우 큰 것으로 나타났다. 독서량이 늘면 어휘가 늘고 이해력이 높아지며 책을 더 좋아하게 되어 독서량이 더욱더 느는 선순환이 생겨난다.

배려심도 생긴다. 일본 국립청소년교육진흥기구가 2013년에 실시한 '어린이 독서 활동의 실태와 그 영향 및 효과에 관한 조사 연구'에 따르면 독서 활동이 많을수록 '사회나 다른 사람들을 위한 일을 하고 싶다' '전철이나 버스를 탔을 때 어른이나 몸이 불편한 분들에게 자리를 양보해야겠다'와 같은 이타적인 생각이 강한 것으로 나타났다.

'책을 좋아하는 아이'로 만들려면 어떻게 해야 할까?

■ 거실에 책장을 두자

유대인은 전 세계적으로 약 1,400만여 명 정도밖에 되지 않지만 아인슈타인 같은 천재나 스타벅스, 구글, 페이스북의 설립자를 배출했고 노벨상 수상자의 약 22%를 차지하고 있다. 수많은 박해를 받으면서도 그들은 어디를 가더라도 절대 도둑맞을 일 없는 두뇌 계발에 힘써왔다고 한다.

일본 국제교양대학Akita International University 앤드류 서터Andrew SUTTER 특임교수는 대부분 유대인 가정은 책장이 가족이 모이는 거실 등과 같은 장소에 있다고 말한다. 책장 위쪽에는 어른 책, 아래쪽

창의력

에는 백과사전이나 도감, 사전 등 아이들이 스스로 찾아볼 수 있는 책을 꽂아두고 모르는 게 있으면 어른과 아이가 함께 책을 찾아본다고 한다.

거실 외에도 침실이나 복도 등 아이들의 시선이 머무는 곳에 책을 두면 언제든 보고 싶을 때 꺼내 볼 수 있다.

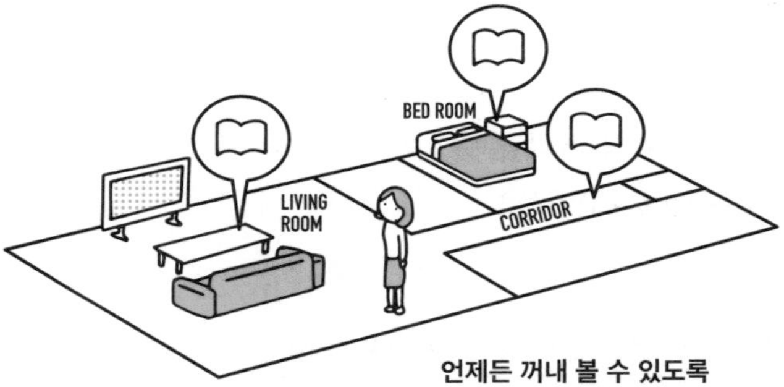

언제든 꺼내 볼 수 있도록
집 안 여기저기에 책을 놓아 둔다

■ 책을 읽어주자

『하루 15분 책 읽어주기의 힘』(북라인 | 2012.6.1.)의 저자 짐 트렐리즈에 따르면 아이는 중학교 2학년 무렵까지 읽는 힘이 듣는 힘을 따라가지 못한다고 한다. 어른이 책을 읽어주는 것을 들으면서 "알겠어!" "재미있었어!"라고 해본 경험이 많을수록 아이들은 더 많은 책을 읽고 싶어 한다(p.53 'METHOD 08 책 읽어주기' 참조).

■ 책 읽는 부모가 되자

일본 후생노동성이 초등학교 2학년생과 그 부모를 대상으로 실시한 조사에 따르면 아이가 한 달 동안 읽는 책의 수는 부모가 읽는 책의 수와 거의 비례하는 것으로 나타났다.

베네세 조사에서는 한 달 동안 종이책과 전자책을 3권 이상 읽는다는 사람에게 독서를 좋아하게 된 계기에 대해 질문했는데, "어릴 때 부모님이 책을 많이 읽어주셨다" "가까운 사람들이 책을 좋아했다"는 답변이 가장 많았다. 부모가 책을 읽는 가정에서는 아이들도 독서를 좋아하는 경향이 있는 셈이다.

창의력

METHOD 61

낙서하기

- 뇌의 비집중 모드에서 창의력이 자란다

아이들은 낙서의 천재이다. 어릴 때는 벽이나 바닥에, 초등학교에 들어갈 무렵이 되면 교과서나 노트에 낙서를 한다.

낙서 = 장난이라는 이미지가 있지만, 실은 낙서는 뇌의 긴장을 풀어주고 창의력을 발휘할 수 있는 방법 중 하나라고 밝혀지고 있다.

정신건강의학과 의사이자 하버드대학 의과대학 교수 스리니 필레이Srini Pillay 박사는 자신의 저서 『멍 때리기의 기적』(김영사 | 2018.6.15.)에서 "낙서를 통해 뇌의 긴장이 풀려 비집중 모드가 되면 뇌의 편도체 활성화가 억제되고 전두극이 활성화되어 창의력이 높아진다"라고 말했다. 즉 낙서는 의식의 벽을 깨고 무의식의 자신을 깨우는 중요한 도구이다.

'낙서'를 잘하게 하려면 어떻게 해야 할까?

■ 벽 한 면을 낙서장으로 만들어주자

벽 한 면을 칠판이나 화이트보드로 꾸밀 수 있는 시트지가 시중에서 비싸지 않은 가격에 판매되고 있다. 칠판은 짙은 초록이라 눈에도 좋고 차분한 느낌을 준다. 분필 가루가 방에 떨어지지 않을까 걱정하는 사람들도 있을 텐데, 최근에는 가루가 날리지 않는 분필도 있다.

화이트보드는 발색이 깨끗하지만 전용 펜이 분필보다 비싸고 옷에 묻으면 잘 지워지지 않는다는 게 단점이다. 두 가지 다 장단점이 있지만 둘 중 어느 것을 고르더라도 아이에게는 틀림없이 즐거운 공간이 될 것이다.

벽에 붙이는 큰 시트지를 이용해
집 안 벽을 낙서장으로 만들자

■ 지워지는 마커나 크레용을 사용하자

벽을 낙서장으로 만들기 어려운 경우에는 유리에 써도 젖은 천으로 지울 수 있는 마커나 크레용을 사용하면 아이가 창문에 마음껏 낙서를 할 수 있다.

젖은 벽에 쓸 수 있는 미술용품이 있다면 목욕탕에서도 마음껏 낙서를 할 수 있다.

■ 낙서 그림책 시리즈를 활용하자

『그림으로 생각 키우기』(창해 | 2002.11.01.)는 "낙서는 그림의 시작이다"라고 말하는 그림책 작가 고미 타로五味 太郎 씨가 만든 그림책 시리즈로 전 세계에서 사랑받고 있다.

텅 빈 냄비나 울퉁불퉁한 길, 이런 소리가 나는 그림이나 불쌍한 개 등 낙서하기 좋은 독특한 테마들이 가득해 아이뿐 아니라 어른들도 창의력을 키울 수 있는 내용으로 구성되어 있다.

■ 낙서를 좋아하면 대성한다

필레이 박사는 2007년까지 44명의 미국 대통령 가운데 26명이 낙서를 좋아했다고 밝혔다. 대통령처럼 복잡한 주요 사안들을 동시에 처리해야 할 때도 낙서와 같은 비집중의 시간을 가지면 시간을 훨씬 효율적으로 쓸 수 있는 것으로 나타났다.

구글 같은 기업이 사원들에게 게임이나 스포츠, 운동 등을 할 수 있는 공간을 제공하는 것도 다 이러한 근거들 때문이다. 낙서를 통해 뇌의 긴장을 풀었다 다시 집중 모드로 바꾸는 뇌의 전환이 어릴 때부터 훈련되면 창의력과 사고력이 높아진다.

SECTION 5

학력을 높이려면?

효과적인 피드백으로 '의욕'을 끌어낸다

STUDY

METHOD 62

아이의 성향 파악하기

- 성향에 맞추어 학습법을 고른다

부모들은 아이가 잘 못 하는 것만 보고 '왜 우리 애는……'이라고 생각하기 쉬운데, 실은 아이가 가진 '좋은 점'은 잘 보지 못하는 경우가 많다.

아이가 재능을 충분히 발휘할 수 있도록 하려면 아이의 성향을 파악하는 것이 중요한데, 이때 참고되는 것이 바로 '다중지능 이론'이다.

이 이론은 1983년 심리학자이자 하버드대학 하워드 가드너Howard Gardner 교수가 제창한 것으로, 사람의 지능에는 8종류가 있는데 학교에서 공부를 잘한다고 평가받는 지능은 이 가운데 2종류뿐이라고 한다.

가드너 박사는 이 8종류 중에서 아이의 특성에 맞추어 잘하는 분야를 찾아 아이가 잘할 방법으로 학습시키면 아이가 갖고 있는 능력을 크게 끌어올릴 수 있다고 강조한다. 아이의 개성을 중시한 이 이론은 미국과 네덜란드, 호주의 공교육에도 도입되어 성과를 내고 있다.

아이의 '성향'을 알려면 어떻게 해야 할까?

■ 8가지 지능을 파악하자

아이의 성향이 다음 중 어디에 해당하는지 생각해보자.

① **언어 지능** : 문장을 잘 쓴다. 언어에 흥미가 있다. 독서를 좋아한다. 수학이나 과학보다 국어와 사회를 잘한다.

② **논리·수학 지능** : 과학과 관련된 것에 대한 이해가 빠르다. 수량에 흥미가 있고 분석을 잘한다. 국어나 사회보다 수학 등 이과를 잘 한다.

③ **공간 지능** : 퍼즐이나 도형 문제를 잘 푼다. 말로 설명된 것보다 그림이나 도표로 설명된 것을 더 잘 이해한다.

④ **음악 지능** : 노래나 악기 연주를 잘하고 소리를 잘 구분하며 멜로디를 금방 외운다.

⑤ **신체운동 지능** : 스포츠를 잘한다. 손을 움직여야 이해를 잘하고 실제로도 잘한다.

⑥ **대인관계 지능** : 혼자 하는 것보다 다른 사람과 함께 할 때 일이 잘 진행된다. 다른 사람에게 기대거나 다른 사람이 아이에게 기대는 경우가 많다.

⑦ **자기이해 지능** : 혼자서 곰곰이 생각해 작업해야 진행이 되고 문제가 생겨도 혼자 해결할 수 있다.

⑧ **자연탐구 지능** : 특정 사물에 해박하다. 도감을 매우 좋아한

다. 비슷해 보이는 것도 미세한 차이를 잘 찾아낸다.

■ 아이가 잘하는 것에 맞추어 방법을 고르자

①과 ②에 해당하는 아이는 공부를 잘하는 경우가 많아 학교 공부가 적성에 맞는다. 나머지 6개 성향의 아이에게는 다음과 같은 방법을 쓰면 학습에 도움이 될 것이다.

③ **공간 지능** : 비주얼을 중시하니 도표나 사진이 많은 책 등을 고른다.

④ **음악 지능** : 책이나 교재를 소리 내 읽거나 노래로 만드는 등 목소리를 이용한다.

⑤ **신체운동 지능** : 실험을 하거나 도구를 이용하고 앉을 때도 밸런스 볼을 이용하는 등 몸을 움직이면서 집중시킨다.

⑥ **대인관계 지능** : 혼자 말고 가족이나 친구와 함께 한다.

⑦ **자기이해 지능** : 아이가 혼자 있을 수 있는 장소와 시간을 만들어준다.

⑧ **자연탐구 지능** : 도감을 갖춰주고 책을 읽은 후 실물을 접하는 경험을 시킨다.

공간 지능

음악 지능

신체운동 지능

대인관계 지능

자기이해 지능

자연탐구 지능

아이의 성향별로
맞는 공부법은 따로 있다

METHOD
63

연산력 키우기

- 즐기면서 숫자와 친해지게 한다

산수를 잘하려면 꾸준히 문제를 푸는 수밖에 없다고 생각하는 사람이 많은데, 이런 생각을 뒤집는 최신 연구 결과가 나왔다.

아이들의 감성으로 사고력을 키워주는 앱 교재나 STEAM 교육(과학, 기술, 공학, 인문·예술, 수학의 융합인재교육) 교재를 개발하는 원더랩[WonderLab] 주식회사에서 시행한 실험에서는 아이들에게 사고센스를 키워주는 앱 '싱크싱크'를 매일 15분간 시켰더니 3개월 후 학력이 정말로 향상됐다는 결과가 나왔다.*

*일본의 국제협력기구[JICA]와 캄보디아 정부가 손잡고 캄보디아의 초등학교 3~4학년생 1,500명을 대상으로 시행한 실험이다. 산수 시간에 사고센스 육성 애플리케이션 '싱크싱크[Think!Think!]'를 이용하는 그룹과 그렇지 않은 그룹으로 나누어 시작 시점의 학력과 3개월 후의 학력을 비교 조사했다. 캄보디아의 국내 학력 테스트, 수학·과학 성취도 추이 변화 국제비교 연구[TIMSS], IQ 테스트 등 3가지 학력 시험의 결과를 게이오기주쿠대학의 나카무로 마키코[中室 牧子] 연구실이 분석한 결과 표준점수에서 6.0~9.0 포인트 향상의 효과가 확인됐다. 그리고 사고력뿐 아니라 캄보디아의 국내 학력 테스트

에서 많이 출제되는 계산과 문장제(문장으로 된 수학 문제) 같은 전형적인 문제에서도 학력이 향상됐다.

주목할 점은 15분이 아이들에게는 노는 시간이었음에도 교과서에서 배우는 계산이나 문장제도 이전보다 잘하게 됐다는 점이다.

원더랩의 대표 가와시마 게이川島慶 씨는 "산수 실력을 키우기 위해서는 아이가 의욕(=두근거림)을 느끼는 것이 중요하다"고 강조한다. 입구가 놀이터라면 아이들의 마음은 두근거릴 것이다. 두근거림은 사고력과 상상력을 키워줄 뿐 아니라 계산과 같은 스킬의 흡수력과 이해력도 향상시키는 효과가 있다.

지금은 컴퓨터가 모든 수식을 정확히 계산해주는 시대이지만, 사물의 크고 작음이나 많고 적음의 감각을 직감적으로 알기 위해서는 연산력이 중요하다.

예를 들어 '산책 1,000km 하기' '냄비에 간장 15L 붓기'라고 하면 이 숫자가 과하다는 생각이 바로 드는가? 가와시마 씨는 계산에 거부반응을 보이지 않고 숫자를 자유롭게 다룰 수 있게 함으로써 "아이들이 수의 정확한 스케일을 체감적으로 느낄 수 있게 해야 한다"라고 강조한다.

'연산력'을 키우려면 어떻게 해야 할까?

■ 하루 15분 두근거림의 토양을 만들자

연산력을 키우는 원동력은 '두근거림'이다. 가와시마 씨는 어릴 때부터 하고 싶은 일은 못 하게 하면서 연산문제집은 아무리 열심히 풀게 해도 두근거림의 토양이 없으면 의욕과 학력은 초등학교 고학년에서 멈춰버린다고 강조한다.

학교 숙제와 함께 즐기면서 사고력을 키울 수 있는 문제를 하루 15분 정도 꾸준히 풀게 하면 산수가 즐거워지는 두근거림의 토양을 만들 수 있다.

■ 다양한 시각에서 사물을 보게 하자

산수의 사고력은 초등학교 저학년일수록 놀이를 통해 익힐 수 있다. 문제집을 사다 많이 풀게 하기보다는 학교 교과서나 연산문제를 가지고 답이 같아지는 식을 찾게 하거나 순서를 바꿔 계산 방식을 고민하게 하는 것이다. 즉 문제를 기계적으로 풀게 하지 말고 상상력을 자극하는 방식으로 풀게 하면 유연한 발상력이 생겨난다.

상상력을 자극하는 질문을 던진다

■ 생활 속 숫자로 덧셈, 뺄셈을 해보자

머릿속으로 걸음 수를 세거나 거리에서 본 자동차 넘버 등 생활 속에서 접하는 숫자를 더하거나 빼면서 숫자에 흥미를 갖게 되면 산수가 재미있어진다.

어린이용 스도쿠(숫자 퍼즐)나 주산을 배우는 것도 머릿속에서 자유자재로 숫자를 갖고 노는 '암산력'을 키울 수 있다. 주산은 '수'라는 추상적인 개념을 받아들이기 어려운 어린아이들에게 수가 구슬로 보인다는 점에서 산수를 처음 배울 때 좋다.

학력

METHOD 64

함께 계획 세우기

- 계획 세우기를 통해 실행기능을 키운다

베네세교육종합연구소의 '초·중학생의 학습에 관한 실태조사(2014)' 결과에 따르면 계획을 세워 공부하는 사람은 그렇지 않은 사람보다 성적 상위권자가 많았다.

그리고 초등학교 4학년의 약 절반, 중학생의 40%는 공부 계획을 세우지 않는 것으로 나타났다. '내버려 둬도 언젠가는 혼자 할 수 있겠지'라는 부모들의 생각은 재고할 필요가 있어 보인다.

■ 훈련을 통해 실행기능을 키우자

계획을 세우는 힘은 행동과 사고, 감정을 제어하는 뇌의 실행기능이라 불리는 것의 일부이다. 실행기능은 타고나는 것이 아니라 유소년기에서 사춘기에 걸쳐 훈련하면 꾸준히 향상되는 것으로 알려져 있다.

미국에서는 하버드대학 아동발달센터가 "어린이의 실행기능을 키우는 것은 사회의 가장 소중한 책임이다"라고 말했을 정도로 실행기능은 교육에서 매우 중요시되고 있다.

실행기능을 키우기 위해서는 어른들이 '발판'을 만들어주는 일이 중요하다고 한다. 계획을 세우는 힘도 처음에는 어른이 조금 도움을 줘야 키울 수 있다는 것이다.

함께 '계획'을 세울 때는 무엇을 해야 할까?

■ 오늘 하루의 계획부터 시작하자

아이에게 아침에 일어나서 학교에 갈 때까지, 그리고 학교에서 돌아와 잘 때까지 무엇을 할지 전날 저녁이나 당일 아침 식사 시간에 생각나는 것을 적게 한다.

■ 부모도 계획을 세우자

부모도 하루 동안 자신이 해야 할 일을 미리 메모한다. 부모가 계획을 실행해가는 모습을 보여주는 것이 아이의 실행기능을 향상시킨다고 한다.

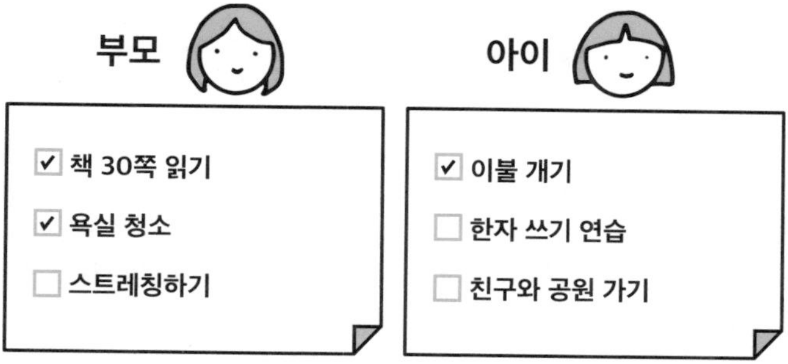

먼저 간단하게 생각나는 것부터 시작한다

■ 내용은 구체적으로 쓰자

'숙제'나 '놀기'라는 식으로 뭉뚱그려 쓰지 말고 '계산' '한자' '독서' '친구와 공원 가기'처럼 구체적으로 쓰게 하면 아이도 계획을 실행하기 쉬워진다.

아이와 함께 계획한 내용을 돌아보면서
즐겁게 서로 피드백한다

■ 시간적으로 실행 가능하게 하자

아이들은 시간 감각이 충분히 발달해 있지 않다. 아이가 계획을 세울 때 각각의 행동에 어느 정도의 시간이 걸릴지 함께 생각하면서 정한다.

■ 돌아보는 시간을 갖자

계획대로 잘 했는지 돌아보는 시간을 갖고 잘 했을 때는 마음껏 칭찬해주면 아이는 달성감을 느낀다. 계획대로 하지 못했을 때는 원인을 찾아 다음 계획을 세울 때 반영하면 아이의 의욕을 끌어낼 수 있다.

METHOD
65

쓰기 ①

- 쓰는 것을 좋아하게 만든다

글쓰기가 아직 뇌가 발달 단계에 있는 아이의 뇌 기능에 중요한 영향을 준다는 연구가 진행 중이다.

뇌과학자이자 미국 인디아나대학Indiana University 카린 하만 제임스Karin Harman James 교수는 글씨가 엉망이라도 글씨를 쓰는 것 자체가 뇌의 네트워크를 활성화시켜 아이들의 배움에 도움이 된다고 말한다.

SNS의 보급으로 언제, 어디서나, 신속하게 메시지를 주고받을 수 있게 되면서 일상적으로 주고받는 문장이 점점 짧아지고 있다. 문장을 쓰는 것 자체에 어려움을 느끼는 아이도 적지 않다. 그렇기 때문에 더더욱 어릴 때부터 글씨 쓰기와 문장 쓰기의 즐거움과 기쁨을 알려주는 것이 중요하다.

'쓰기'를 좋아하게 하려면 어떻게 해야 할까?

■ 정성 들여 쓰게 하자

자신이 쓰고 있는 말과 글에 마음이 담기도록 글씨를 정성 들여 쓰는 습관을 들여 준다.

플로리다 국제대학Florida International University, FIU 유아교육학과 로라 다인하트Laura Dinehart 박사에 따르면 글씨를 잘 쓰게 되는 것과 학력 향상에는 상관관계가 있다고 한다. 글씨를 잘 쓰는 아이는 선생님이 답안을 읽기 편해 점수를 더 잘 받을 수도 있지만, 글씨를 잘 못 쓰는 아이는 글씨를 쓰는 데 정신이 팔려 자신이 쓰려는 내용에 집중하기 어려워 좋지 않은 점수를 받을 수도 있다.

■ 무엇을 쓰든 칭찬부터 하자

아이가 문장을 썼을 때 "이렇게 쓰면 무슨 말인지 몰라" "좀 더 길게 써 봐"라는 식으로 부모 혹은 어른이 부정적인 반응을 보이면 아이가 쓰는 것을 힘들어하게 된다. "잘 썼어" "대단해" "이런 말도 알아?" 하며 잘한 부분을 인정해주면 아이는 더 써봐야지 하는 의욕이 샘솟는다.

■ 쓰지 못할 때는 질문을 던지자

아이가 "작문 숙제에 무슨 이야기를 써야 할지 모르겠어"라고 할 때는 주제와 관련된 질문을 어른이 던져줘 발상의 폭을 넓혀준다.

- **제일 즐거웠던 일은 뭐야?**
- **최근 가장 기뻤던 때는 언제야?**
- **재미있게 했던 놀이는 뭐야?**

- 가장 감동받았던 선물은 있어?
- 지금까지 속상했던 일이 있었어?
- ○○했을 때는 어떤 기분이었어?
- 왜 잘 된 것 같아?
- 왜 ○○ 때는 열심히 한 것 같아?
- 다음에는 어떤 걸 해보고 싶어?

이상과 같은 질문을 던져주고 아이의 대답을 메모해서 주면 키워드가 힌트가 되어 글을 쓰기 쉬워진다.

METHOD 66

쓰기 ②

- 일기를 쓰게 한다

문장 쓰는 연습을 할 때 일기를 쓰게 하면 글쓰기 습관을 들이기 쉽다. 일기를 활용한 쓰기에는 2가지 효과가 있다.

■ 어휘력이 늘어난다

문장 속에서 감정 표현을 할 때 아이는 '기뻤다' '즐거웠다' '슬펐다' 등 매우 단순한 말을 사용한다. 하지만 아이의 이러한 표현들에는 다양한 감정이 숨어 있다.

도쿄대학 대학원 교육학연구과 엔도 도시히코 교수에 의하면 예를 들어 '슬펐다'라는 아이의 표현에 대해 주위의 어른들이 "그 슬픈 감정은 '걱정'인 것 같아"라는 식으로 아이의 기분을 더 디테일하게 표현해주면 좋다고 한다. 엔도 교수는 이를 아이의 기분에 '라벨'을 붙여 주는 것과 같다고 말한다. 부모의 이런 표현을 듣다 보면 아이도 자신의 기분을 표현할 때 다양한 표현을 쓸 수 있게 된다.

■ 마음을 가다듬는 힘이 생긴다

일기를 쓰면 즐거웠던 일, 기뻤던 일, 괴로웠던 일 등을 통해 자기 자신을 돌아보면서 마음을 가다듬는 힘이 생긴다. 심리학자이자 펜실베니아대학 마틴 셀리그만 교수는 1주일 동안 '매일 밤 자기 전에 좋았던 일 3가지 쓰기'만 해도 이후 6개월은 행복도가 올라간다고 말한다.

'일기 쓰는 습관'을 들이려면 어떻게 해야 할까?

■ 쓰는 시간을 정하자

셀리그만 교수는 매일 자기 전에 일기 쓰기를 추천한다. 아이와 함께 하루를 돌아보면 아이와의 대화도 풍성해진다.

■ 3줄 일기 쓰기 습관을 들이자

'즐거웠던 일' '기뻤던 일' '재미있었던 일' 등 긍정적인 일 3가지를 기억해내 쓰게 한다. 3줄이면 시간도 별로 걸리지 않는다. 더 쓸 수 있을 때는 각각의 이유도 적어본다. 이렇게 쓰기를 통해 뇌가 이전에 경함했던 좋은 기억을 다시 체험하는 것처럼 느끼게 되어 행복도가 높아진다.

■ 단어 선택을 도와주자

아이의 기분이나 상황을 표현할 때 딱 맞는 다른 표현이 있는지 함께 생각해준다. 좋은 표현이 바로바로 떠오르지 않을 때는 『감정을 표현하는 말』과 같은 책이나 유사어 사전 등 어휘를 늘릴 수 있는 것을 활용하면 편리하다.

딱 맞는 말을 함께 찾아준다

학력

METHOD 67

쓰기 ③

- 글쓰기 공식을 알려준다

문장을 쓰는 힘은 입시나 취업, 그리고 사회에 나가서도 프리젠테이션 자료를 만들거나 발표를 할 때 도움이 되는 강력한 무기가 된다.

일본과 미국 초등학교의 작문 지도를 비교한 나고야대학[Nagoya University] 와타나베 마사코[渡辺 雅子] 교수는 일본의 국어 교과서에는 작문하는 법을 다룬 장이 없으며, 교사 인터뷰에서도 "글 쓰는 법을 정식으로 가르치지 않는다"고 답했다고 자신의 저서에서 밝혔다.

부모들은 원고지를 쥐고 있는 아이에게 "쓰고 싶은 거 쓰면 돼"라고 쉽게 말하지만 아이들은 어떻게 써야 할지 대부분 잘 모른다. 한편 미국의 경우 와타나베 교수의 조사에 참여한 교사 전원이 이구동성으로 국어를 가르치는 첫 번째 목적은 '쓰는 기술과 능력을 향상시키는 것'이라고 답했다고 한다.

리쓰메이칸[立命館] 초등학교 국어교육 고문이자 베이신켄[名進研] 초등학교 국어과 고문이기도 한 이와시타 오사무[岩下 修] 씨는 흡수한 언어를 쓰는 능력이 결정되는 것은 만 8세 전후로, 그때까지 제대로 된 작문 지도를 받아 구성력과 표현력을 익혀 두면 그 이후에도 큰 어려움 없이 작문할 수 있다고 말한다.

아이가 '작문'을 잘하려면 어떻게 가르쳐야 할까?

■ 공식을 이용하자

와타나베 교수에 의하면 미국에서는 특히 설명문과 같은 문장에서는 어릴 때부터 명확한 3단 구조를 가르친다고 한다.

- **서론 단락**: '먼저 이 작문에서 말하고자 하는 것은?'을 분명히 밝힌다.
- **본론 단락**: '서론'의 주장을 뒷받침할 이유를 3가지 든다.
- **결론 단락**: '서론'에서의 주장을 조금 표현을 바꿔 반복한 다음 결론짓는다.

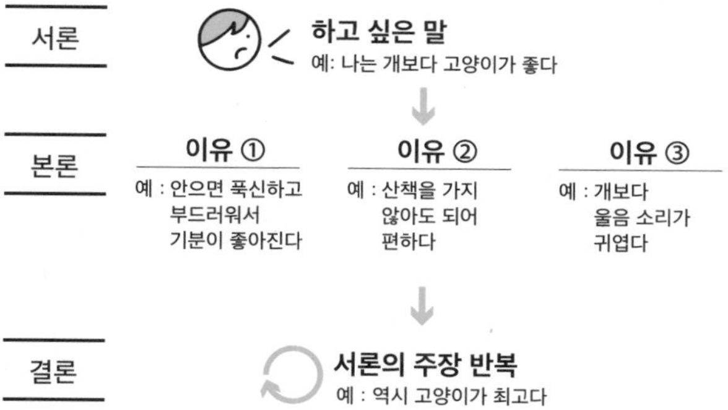

학력

초등학생 작문 지도 경험이 풍부한 이와시타 씨도 설명과 보고, 기록, 논설을 쓸 때는 서론 → 본론(2개 쓰기) → 결론을 기본 틀로 해서 쓰라고 가르치면 아이들이 쉽게 이해한다고 말한다. '서론'에는 무엇에 대해 쓸지를 쓰고 '결론'에는 본론1과 본론2를 쓰는데 느낀 점이나 알게 된 점을 쓰도록 지도하고 있다고 한다. 예를 들어 '학교에서 좋아하는 장소'를 주제로 했을 경우 다음과 같은 구조의 작문을 쓸 수 있다.

- **서론** : 제가 좋아하는 장소를 소개하겠습니다.
- **본론1** : 가장 좋아하는 장소는…….
- **본론2** : 두 번째로 좋아하는 장소는…….
- **결론** : 두 곳 모두 마음이 편안해지는 곳입니다.

('본론1'과 '본론2'의 공통점으로 마무리)

■ 관점을 정하자

이와시타 씨는 초등학교 저학년의 작문 지도는 한 일이나 본 것을 '시계열적'으로 쓰게 하는 방법이 일반적이지만, '관점'을 정해서 쓰게 했더니 1학년도 쓱쓱 써내려갔다고 조언한다. 예를 들어 '교내 탐험'을 테마로 정하면 '재미있었다'라는 관점에서 2가지를 골라 쓰게 했더니 아이들이 쉽게 써내려갔다고 한다.

- **서론** : 학교를 탐험했습니다.
- **본론 1** : 가장 재미있었던 것은 ○○입니다.
- **본론 2** : 다음으로 재미있었던 것은 ××입니다.
- **결론** : 학교 탐험은 재미있었습니다.

와타나베 교수의 조사에서도 일본 어린이들의 작문은 '~한 다음 ~하고'라는 식으로 일이 일어난 순서대로 쓰는 경우가 93%로 압도적으로 많았던 반면, 미국 아이들은 3분의 1 이상이 먼저 전체를 요약해 쓴 다음 구체적인 사례에 대해 언급하고 다시 마지막에 전체를 요약하며 쓰는 샌드위치형이었다.

이러한 작문의 '틀'을 알려주면 논리적 사고력의 토대가 되기도 한다. 이는 나중에 세계 무대에서도 크게 도움이 될 것이다. 영어 쓰기writing는 물론 말하기speaking나 프리젠테이션에서도 이 '틀'을 응용할 수 있다.

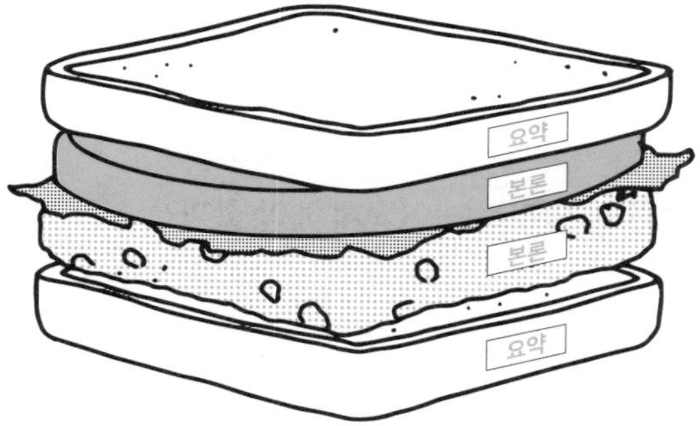

작문은 '샌드위치'를 상상하면 쓰기 쉽다

METHOD 68

공부 습관 들이기

- 무리하지 않고 즐겁게 계속할 방법을 찾는다

2006년 듀크대학Duke University 연구팀이 발표한 논문에 따르면 일상 행동의 45%는 '그때그때 결정하는 것'이 아니라 '습관'이라고 한다. 미국의 교육개혁자 호러스 맨Horace Mann은 "습관은 동아줄과 같아서 한 올 한 올 날마다 엮다 보면 결국 끊어지지 않게 된다"는 말을 남겼다.

그리고 교토조형예술대학Kyoto University of The Arts 부총장이자 코칭과 액티브 러닝(능동적으로 하는 수업이나 학습 방식)의 일인자 혼마 마사토本間 正人 교수는 앞으로는 '최종 학력'이 아니라 모두가 '최신 학습 이력'을 갱신해가는 사회가 될 것으로 전망했다. 수명이 늘어 평생 배워야 하는 시대가 도래하는 것이다. 양치질과 식사, 목욕처럼 공부를 습관화하면 큰 강점이 될 것이다.

공부 '습관'을 들이려면 어떻게 해야 할까?

■ 시간을 정해 놓고 스몰 스텝으로 하자

숙제할 때 '숙제해야지'라고 뭉뚱그려서 생각하면 마음이 무겁다. 이에 반해 '소리 내 책 읽기' '한자' '계산'처럼 잘게 쪼개놓으면 부담감이 조금 덜 하다.

이렇게 쪼개놓은 숙제별로 각각 '몇 시부터 몇 시까지' 시간을 정해 놓으면 '○시가 되면 ××할 시간이다'라고 마음의 준비를 할 수 있어 아이가 숙제하기 쉬워진다.

숙제하는 '장소'도 정해두면 좋다. 숙제할 시간이 되어 정해진 장소로 가면 마음을 잡고 공부를 시작할 수 있다.

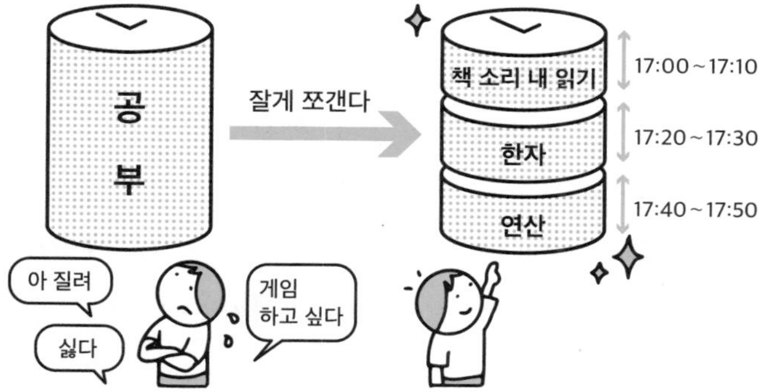

공부는 '할 것'과 '시간'으로 잘게 쪼개준다

■ 노는 시간도 있게 하자

아이가 해야 할 공부를 빨리 끝냈을 때 "그럼 이것도 한 번 해볼까?"라며 다른 문제를 내미는 것은 좋지 않다. 미리 놀 시간을 충분히 빼놓고 마음껏 놀게 한다.

핀란드에서 실시한 학력에 관한 조사에서 쉬는 시간이 주어진 아이들이 오래 앉아 있는 아이들보다 학력이 높게 나타났다.

미 보건복지부도 보고서를 통해 몸을 쓰는 활동은 뇌의 혈류를 증가시켜 산소가 늘어나 뇌 활동에 도움이 된다고 밝히고 있다. 중간 중간 휴식을 취하면서 공부해야 아이들의 집중력이 올라간다.

■ 게임처럼 하자

행동분석학자인 오쿠다 겐지奥田 健次 씨는 자신의 저서 『세계에서 단 하나뿐인 육아 교과서』(포북 | 2016.9.1.)에서 밥을 먹기 전에 숙제를 마치지 않은 아이에게 "내일은 꼭 약속 지켜"라고 말해도 아이에게 '내일', 즉 24시간 후는 시간적으로 너무 멀어서 효과가 없다고 지적한다.

오쿠다 씨는 숙제를 계속 미루는 아이에게는 마치 게임을 하듯이 "엄마가 지금부터 2층에 갔다 올 때까지 숙제 시작할 수 있을까? 3분이면 올 거야. 아! 아직 시작하면 안 돼. 엄마가 이 방을 나가면 그때 시작해!"라는 식으로 말하면 숙제를 미루지 않는 효과가 있다고 말한다.

만약 아이가 3분 후에도 여전히 놀고 있으면 3분이라는 감각을 잘 모르는 것이니 다음부터는 1분이나 30초 정도로 더 짧게 한다. 오쿠다 씨는 아이는 부모가 돌아와 자신이 숙제를 시작한 것을 보고 크게 칭찬해주면 큰 달성감을 느낀다고 말한다.

■ 부모도 공부하는 습관을 들이자

아이가 숙제를 안 한다고 답답해하지 말고 TV를 끄고 식탁을 정리한 다음 부모가 책상에 앉는 모습을 보이는 것이 더 빠를 수도 있다. 부모가 즐겁게 책을 읽거나 무엇인가를 쓰는 모습을 보면 아이도 자연스럽게 스스로 책상에 앉게 된다.

METHOD
69

프로그래밍 가르치기

- 시행착오로 뇌를 단련하게 한다

2020년부터 일본 초등학교에서는 프로그래밍이 필수가 됐다. 프로그래밍은 프로그래밍 언어로 컴퓨터에 지시를 내려 사람이 생각하고 그리는 대로 움직이게 하는 것이다.

오해하는 경우들이 있는데, 필수화의 목적은 아이들에게 프로그래밍 스킬을 가르치려는 것이 아니다. 하고자 하는 말을 정확하게 전달하기 위해서는 세밀하게 단계를 밟아 설명해야 한다는 논리적인 사고를 프로그래밍 언어를 이용해 학습시키는 것이 목적이다.

프로그래밍의 묘미는 뭐니 뭐니 해도 스스로 룰을 만들 수 있다는 점이다. 룰을 만들 때는 평소 신경 쓰지 않았던 부분에 대해서도 신경을 써야 한다. 예를 들어 로봇은 움직일 때는 '멈추는 동작'도 프로그램하지 않으면 로봇은 영원히 멈추지 않는다.

이러한 '사고의 맹점'에 신경을 씀으로써 새로운 아이디어가 떠오르거나 생각이 깊어지는 경우가 많다. 프로그래밍은 시행착오를 반복하면서 이러한 세밀한 사고를 직접 체험하고 배울 수 있는 기회이기도 하다.

효과적인 '프로그래밍' 학습 방법은 무엇일까?

■ 프로그래밍이 쓰이는 곳을 알아보자

프로그래밍은 우리가 평소 의식하는 일이 거의 없지만 일상생활의 거의 모든 분야에 깊숙이 들어와 있다. 아이들이 좋아하는 게임은 말할 것도 없고 자동차, 가전제품, 로봇, 신호등 그리고 음악이나 아트에 이르기까지 다양한 분야에서 프로그래밍이 활용되고 있다.

프로그래밍을 배우기 전에 프로그래밍이 우리 주변에서 어떻게 쓰이고 있는지 알면 기술이 친근하게 느껴져 더욱더 의욕적으로 배울 수 있게 된다.

■ PC와 친해지게 하자

일본에서는 교육 현장에 IT의 보급이 늦어지고 있는데, 초등학교에 프로그래밍이 도입된 것을 계기로 앞으로는 중학교와 고등학교에서도 PC를 사용할 기회가 틀림없이 늘어날 것으로 기대된다. 언젠가 입시나 자격시험도 모두 PC로 이루어지는 날이 올 것이다.

PC는 배운다기보다 익숙해지는 것이 중요하다. '유해 사이트를 보면 어쩌지?' '게임만 하지는 않을까?' 싶은 걱정도 있겠지만, 필터링을 이용하거나 부모가 있는 곳에서만 사용하게 하고 사용 시간을 정하면 통제할 수 있다. 무턱대고 막지 말고 '아이의 학습 도구'로 인식을 바꾸는 것이 좋다.

■ 4학년부터 시작해도 충분하니 조급해하지 말자

초등학교 저학년은 집중력이 떨어져 '놀이 감각'이 앞설 수 있으니 차분히 논리적으로 사고하게 되는 4학년 무렵부터 시작하는 것이 좋다.

초등학교 1~2학년은 프로그래밍의 조건 분기(어떤 기준에 의한 제어의 흐름에서 여러 경로 중에서 하나를 선택하는 분기 명령) 개념이 뇌의 구조상 아직 자리 잡기 어렵다는 연구 결과도 있다고 한다.

초등학교 저학년일 때는 운동을 통해 몸의 감각을 발달시키거나 놀이를 통해 '실체험'을 쌓아가는 것이 나중에 프로그래밍을 더 흥미롭게 배우는 데 도움이 될 것이다.

■ 부모가 잘할 필요는 없으니 고민하지 말자

부모가 프로그래밍을 잘할 필요는 없고 아이의 이야기를 들어주는 것만으로도 충분하다. 프로그래밍을 통한 시행착오가 주체성을 키워준다. 오히려 부모가 아이에게 가르쳐 달라고 해서 프로그래밍을 배우면 아이의 커뮤니케이션 능력과 자신감을 키워주는 계기도 될 것이다.

■ 가볍게 시작할 수 있는 교재를 사용하자

아이는 쉽고 재미있는 것을 고른다. 저학년 때 시작한다면 스크래치(아이들에게 그래픽 환경을 통해 컴퓨터 코딩에 관한 경험을 쌓게 할 목적으로 설계된 교육용 프로그래밍 언어 및 환경)나 로봇이 배우기 좋고 부모도 함께 즐길 수 있다.

■ 이용 가능한 인터넷 사이트

아워 오브 코드 Hour of Code : 비영리단체인 코드닷오알지Code.org가 주관하는 전 세계적인 프로그래밍 교육 활동이 바로 '아워 오브 코드'이다. 이 사이트에는 프로그래밍 학습이 가능한 다양한 교재가 올라와 있다. 대상 연령은 '4세부터 104세까지'이다. https://code.org/learn

스크래치Scratch : 프로그래밍으로 애니메이션이나 게임, 음악 등을 만들 수 있는 사이트이다. https://scratch.mit.edu

마이크로빗
(BBC micro:bit)

스피로 미니
(Sphero Mini)

프로그래밍 체험 가능한 키트를 사용해본다

학력

■ 몸을 움직이는 체험을 할 수 있는 간편한 키트

마이크로빗BBC micro:bit : 한 손 안에 들어오는 크기의 마이크로컴퓨터로, 로봇에서 악기에 이르기까지 프로그래밍으로 다양한 것을 만들 수 있다.

스피로Sphero : 프로그래밍으로 움직이는 공 모양의 로봇으로 초보자는 스피로 미니Sphero Mini가 간편해 가지고 놀기 좋다.

METHOD 70

반복 학습하기

- 변화와 부담을 적절히 준다

우리는 흔히 아이들에게 공부뿐만 아니라 스포츠나 악기를 배울 때도 여러 번 반복해서 꾸준히 노력하면 잘 할 수 있다고 독려한다. 세계적인 베스트셀러가 된 말콤 글래드웰Malcolm Gladwell의 저서 『아웃라이어』(김영사 | 2020.7.11.)는 어떤 분야든 약 1만 시간을 투자해 노력하면 그 분야에서 최고가 될 수 있다는 '1만 시간의 법칙'으로 유명해졌다.

그런데 심리학 연구를 통해 그저 무턱대고 반복한다고 다 되는 것은 아니라는 사실이 점점 더 드러나고 있다. 반복을 통해 습득하는 학습법에는 몇 가지 주의해야 할 점이 있다.

'반복 학습'을 잘하는 방법은 무엇일까?

■ 단조로운 반복은 효과가 없음을 명심하자

문제집을 여러 번 반복해서 풀었는데도 시험을 망친 경험이 있을 것이다. 이 경우가 바로 단순 반복 학습의 맹점이자 심리학에서 말하는 '유창성 착각'이라는 것에 빠져 있는 상태이다.

'유창성'이란 정보를 적절히 신속하게 처리해 출력하는 능력을 말한다.

그런데 이 '푸는 방법이 바로 떠오를 때까지 철저히 반복하면 된다'는 생각이 오히려 뇌를 방심하게 만들어 기억한 것을 바로 생각해내지 못 하는 상태에 빠지게 한다.

■ 변화를 섞자

미국 윌리엄즈칼리지Williams College의 심리학자인 네이트 코넬Nate Kornell 교수팀의 연구에서는 반복 연습에 조금 변화를 준 과제를 섞으면 학습 능력이 향상되고 장기 기억으로 정착되는 것으로 드러났다. 예를 들어 매일 매일의 학습에 과거에 학습한 단원 등을 섞으면 좋다는 것이다.

아이는 문제별로 푸는 방법을 생각해야 하기 때문에 언뜻 비효율적으로 보일 수 있지만, 심리학자이자 토론토대학 마이클 인즐릭트Michael Inzlicht 교수는 "질서를 어지럽히는 무엇인가, 그 자리에 어울리지 않는 무엇인가를 보는 것이 사실상 뇌를 깨어나게 한다"고 지적한다.

문제에 변화를 준 학습법으로 각각의 '차이'를 의식하면서 이해하면 특징을 확실하게 파악할 수 있게 될 뿐 아니라 실전에서 생각지 못한 돌발 상황에도 강해진다고 한다.

■ 살짝 레벨을 업(Up)하자

심리학자이자 플로리다 주립대학The Florida State University 앤더스 에

릭슨Anders Ericsson 교수는 거의 모든 분야의 최고 권위자들은 편한 영역comfort zone(안락지대)에서 벗어나 살짝 한계를 넘어선 부하를 계속 가하고 있다는 '의식적인 연습Deliberate Practice' 이론을 주창했다.

세계 각 분야의 최고 권위자들을 30년 이상 연구해온 에릭슨 교수는 "누구라도 '의도적 연습'을 반복해야 비로소 주위에서 봤을 때 '타고난 재능'이라고 밖에는 생각할 수 없을 만큼의 특출난 능력을 가질 수 있다"고 말했다.

물론 새로운 단원이나 테크닉을 배울 때는 반복적인 연습을 통해 익숙해지는 과정이 필요하지만, 거기에 변화를 주고 약간의 부하를 가하는 점이 중요하다는 것이다.

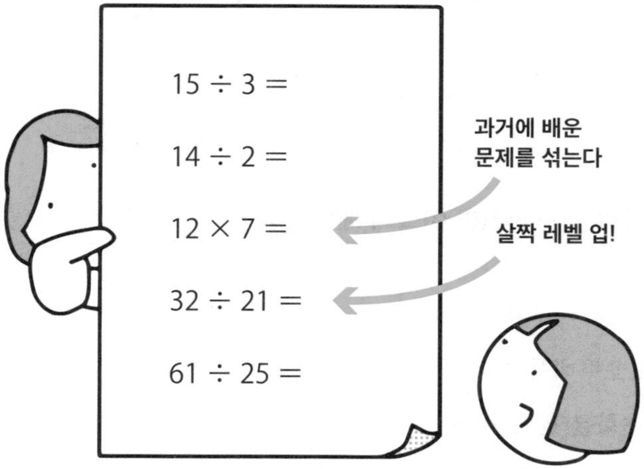

단조로움을 깨 공부 효과를 높인다

학력

METHOD 71

어휘 늘리기

- 이해력을 높여주는 기초체력을 만든다

일본 국립정보학연구소 아라이 노리코新井 紀子 교수가 이끄는 연구팀이 전국의 중·고등학생 약 2만 5,000여 명을 대상으로 독해력 조사를 시행한 결과 많은 학생이 교과서 수준의 문장도 이해하지 못 하는 것으로 나타났다.

아라이 교수는 그 원인 중 하나를 기본적인 어휘력 부족으로 보고 있다. 아이들은 아는 단어 수가 많으면 문장을 읽을 때 부담이 적어 내용 이해도 쉽게 한다. 배운 것을 확실하게 이해할 수 있어 자신감을 느낀다. 어휘력은 커뮤니케이션 능력과 표현력, 창의력에도 도움이 되는 중요한 능력이다.

'어휘'를 늘리려면 어떻게 해야 할까?

■ 어른과 자주 대화하자

도호쿠대학 가와시마 류타 교수팀 연구에서 부모와 함께 다양한 대화를 많이 하면 아이의 언어 기능을 담당하는 뇌의 영역이 잘 발달하는 것으로 밝혀졌다.

베네세코퍼레이션이 2016년 실시한 어휘 조사에서는 고등학생과 대학생, 사회인 모두 가까운 사람들과 이야기하는 빈도가 높을수록 어휘력이 높은 경향을 보였다.

특히 부모나 조부모, 친척, 학교 선생님처럼 나이 차이가 나는 사람들과 이야기하는 빈도가 높을수록 어휘력이 높았다. 세대를 초월한 대화는 아이들끼리의 대화에서는 들을 수 없는 새로운 어휘를 늘려주고 표현력을 키워준다.

■ 바로 응답하자

아이의 언어습득 분야의 전문가이자 다마가와대학Tamagawa University 사토 구미코佐藤 久美子 명예교수가 초등학교 입학 직전의 만 5세 아동 약 200여 명을 대상으로 어휘력 조사를 실시한 결과 응답하는 타이밍이 빠른 부모를 둔 아이는 어휘력이 높고 발화량이 느는 것으로 나타났다.

■ 부모는 들어주는 사람임을 명심하자

사토 씨 조사에서는 부모가 말하는 시간이 짧을수록 아이가 이야기할 기회가 늘어난다는 사실도 밝혀졌다. 즉 부모가 많이 들어줘야 한다는 뜻이다. 아이의 말에 부모가 답을 길게 하면 아이는 말을 이어가기 힘들어진다. 부모가 짧은 답변을 많이 하면 아이는 이야기를 많이 하게 된다.

짧은 답변으로 이야기를 끌어내는 데 집중한다

■ 천천히 또박또박 말하자

어린아이는 부모의 이야기를 듣고 흉내 내면서 말의 음을 기억한다. 아이가 잘 들을 수 있도록 천천히 또박또박 말하면 아이는 말을 자연스럽게 습득한다.

■ 책, 신문, 만화를 읽게 하자

어휘를 늘리기 위해서는 '쓰기'도 효과적이지만(p.277 'METHOD 66 쓰기②' 참조), 네덜란드 레이던대학Leiden University 수잔 몰Suzanne Mol 조교수팀이 미취학 아동(만 3세 ~)에서 대학원생까지의 독서량과 어휘력의 관계에 관해 조사한 결과 독서량이 많을수록 어휘력이 높은 것으로 나타났다.

어휘량이 가장 많은 미디어가 책과 신문이었고 다음은 잡지,

만화 순이었다. 가족이 모이는 식탁이나 거실에 신문이나 잡지, 책을 놔두면 아이들 눈에 들어가는 어휘를 늘릴 수 있다.

■ 거실에 국어사전을 준비해두자

베네세의 조사에 따르면 고등학생과 대학생 모두 "모르는 단어가 나오면 그냥 지나치지 않고 찾아보려고 한다"고 답한 사람들은 어휘력이 높은 경향을 보였다. "○○는 무슨 뜻이야?"라고 아이가 물으면 "같이 찾아볼까?"라며 아이와 함께 사전 찾는 습관을 들여준다. 항상 가까운 곳에 사전이 있으면 사전 찾는 습관을 들이기 쉽다.

학력

METHOD 72

시간 낭비 줄이기

- 합리적인 공부법을 통해 여유시간을 만든다

학교 수업에서는 학생들이 잘 이해했는지 일일이 다 신경 쓰기 어렵다. 이 때문에 학생들은 이미 알고 있거나 또는 전혀 이해가 되지 않는 내용을 듣고 있어야 하는 시간이 생긴다. 즉 학교 수업의 몇 %는 낭비라고 할 수 있다.

최근에는 이러한 시간 낭비를 없애기 위해 AI를 활용해 한 사람 한 사람의 이해도와 진도에 맞춘 학습법을 도입하려는 움직임이 있다. 이러한 개별 맞춤화 학습을 '어댑티브 러닝Adaptive Learning'이라고 한다.

아이들이 공부하다 어려워하는 부분은 다 다르다. 예를 들어 연산의 답이 틀린 경우 계산 순서를 정확히 기억하지 못 해서 틀렸을 수도 있고, 분수나 나눗셈을 못 해서 틀렸을 수도 있다. 즉 틀린 이유는 아이마다 다르다는 이야기이다.

이 복잡한 과정을 AI가 분석해 한 아이 한 아이의 이해도에 맞춘 문제를 골라주기 때문에 약점에 특화된 학습을 통해 효율적으로 이해도를 높일 수 있다.

공부할 때 '낭비'를 줄이려면 어떻게 해야 할까?

■ 못하는 것에 초점을 맞추자

시간은 한정되어 있다. 공부할 때는 이미 아는 것은 반복하지 말고 모르는 것에 집중적으로 시간을 쓰는 것이 효과적이다.

이렇게 하면 아이가 21세기형 스킬이라 불리는 창의력과 사고력, 커뮤니케이션 능력 등과 같은 비인지 능력을 키우는 데 도움이 되는 놀이나 좋아하는 것에 집중하거나 멍하니 생각에 잠기는 자유 시간을 많이 확보할 수 있다.

■ 노는 시간은 낭비가 아님을 명심하자

산수 교육 전문가인 원더랩의 가와시마 게이 대표는 산수 실력의 바탕이 되는 상상력과 추리력, 공간인지 능력, 그리고 이를 뒷받침해주는 지적 호기심 등은 놀이 체험을 통해 생긴다고 말한다.

부모 입장에서는 학년이 올라갈수록 아이가 공부를 많이 하기를 바라겠지만, 먼저 자유롭게 놀 수 있는 시간을 마련해주는 것이 장기적으로 봤을 때 아이의 성장에 도움이 된다고 할 수 있다.

■ AI 교재를 활용하자

아는 것은 반복하지 말고 모르는 부분만 중점적으로 보충하는 효과적인 학습은 AI가 실현시켜 줄 것이다. 태블릿PC를 이용한 학습은 대부분 부모가 경험하지 못한 학습법이지만, 아이들은 어른들이 생각하는 것 이상으로 빨리 조작법을 익히고 즐겁게 풀어간다.

공부를 싫어하는 아이도 자신 없는 부분을 효율적으로 보충할 수 있어 배우는 즐거움에 눈을 뜨는 계기가 될 것이다(p.180 'METHOD 학원 보내기 ③'을 참조).

METHOD 73

영어 익히기

- 영어를 놀이도구로 삼는다

아이들의 언어 습득 능력은 어른보다 뛰어나다. 이는 바꿔 말하면 성장하면서 언어 습득 능력이 떨어진다는 이야기이다.

아동영어교육과 제2언어습득 분야의 전문가인 조치대학Sophia University 단기대학부 가노 아사코狩野 晶子 교수에 의하면 아이들이 어른보다 뛰어난 능력은 주로 다음의 4가지라고 한다.

① 음성을 민감하게 듣는 능력

아이는 소리에 대한 감수성이 풍부하다. 어릴 때는 듣는 능력이 뛰어나 동물이나 벌레 우는 소리 혹은 애니메이션 캐릭터 흉내를 잘 낸다.

② 소리를 통째로 처리하는 능력

"김수한무 거북이와 두루미 삼천갑자 동방삭" 같은 말이나 포켓몬 캐릭터 151마리의 이름을 읊는 '포켓몬 말할 수 있니?'라는 노래처럼 아이들은 뜻을 잘 모르는 것도 소리를 통째로 외워버린다.

③ 반복을 견디는 능력

항상 같은 그림책을 보려 하거나 마음에 드는 동영상은 수도 없이 반복해서 보는 등 아이들은 같은 것을 반복하는 것을 좋아한다.

④ 애매함을 견디는 능력

아이들은 다 이해하지 못 해도 개의치 않는다. 애매하게 이해된 상태라도 상대의 표정이나 주변 상황으로 자기 나름대로 문맥이나 의미를 상상하면서 대화를 주고받을 수 있다.

이상의 4가지 능력 가운데 아동기에 특히 키워줘야 하는 것은 '영어 청취력'이다. 초등학교 때는 읽고 쓰기보다 의미 있는 영어를 즐겁게 많이 들어 영어 발음에 익숙해지는 것이 중요하다.

영어 노래나 그림책의 오디오북을 활용하는 것도 좋고 유튜브나 넷플릭스에도 어린이를 대상으로 한 영어 프로그램이 있다. 일본 NHK의 교육문화 채널 ETV에도 영어로 들을 수 있는 어린이 프로그램이 있다.

'영어'를 잘 익히는 방법에는 무엇이 있을까?

■ 매일 즐겁게 영어를 들려주자

개인차는 크지만 2,000~4,000시간 정도 들으면 어느 정도 영어로 뜻을 알아들을 수 있는 청취력이 생긴다고 한다. 그런데 학교에서 1주일에 1번, 1시간 정도 이루어지는 영어 수업은 1년이면 35시간밖에 되지 않아 3,500시간을 들으려면 약 100년 정도 걸린다는 계산이 나온다.

그러니 학교나 영어 학원에만 의존하지 말고 가정에서 매일 조금씩이라도 영어를 들을 기회를 만들어 주는 것이 효과적이다.

단 여기서 주의할 점은 아이가 즐기는 것이 중요하기 때문에 정확히 알아듣는지는 신경 쓰지 않는 것이다. 아이가 자유롭게 상상하거나 유추하고 흉내 내면서 영어라는 언어로 노는 체험을 하는 것이 중요하다.

매일 조금씩 즐길 수 있는
영어 콘텐츠를 활용한다

■ 정답을 유도하지 말자

'틀리면 어떡하지?' 하는 부담이 있으면 영어를 쓰려는 마음이 생기지 않아 영어 숙달을 방해한다. 학교에서 배운 것을 정확하게 말할 수 있는지, 제대로 이해하고 있는지는 크게 중요하지 않다. 오히려 틀려도 고쳐주지 않는 것이 중요하다.

"영어로 말하네!" "말이 통했어!"라며 성공 경험을 시키는 것이 아이에게 '영어할 수 있을 것 같아'라는 자신감을 심어줘 영어로 말하는 것에 대한 불안감을 줄여준다.

언어학자이자 미국 서던캘리포니아대학University of Southern California 스티븐 크라셴Stephen Krashen 명예교수는 "불안감이 적을수록 언어 습득이 잘 된다"고 말한다.

애기 때 모국어를 배울 때도 틀린 말을 많이 쓰지만 성장하면서 자연스럽게 고쳐지는 것처럼 영어도 마찬가지이다. 부모는 초조해하지도 너무 기대하지도 말고 긴 안목으로 느긋하게 지켜보는 것이 중요하다.

■ 아이가 좋아하는 것을 영어로 표현해보자

가노 교수는 아이가 좋아하는 것을 영어로 어떻게 표현하는지 함께 알아볼 것을 추천한다. 아이가 야구를 좋아하면 야구의 포지션이나 룰, 메이저리그 선수들의 이름 등을 보고 공주 시리즈나 해리포터를 좋아하면 성의 영어 이름을 찾아보는 것이다.

이밖에도 물고기, 곤충, 공룡, 꽃 등 아이들이 좋아하는 것은 많다. 예를 들어 구글에서 '공룡 이름 영어'로 검색하면 다양한 공룡의 영어 이름과 단어 카드 등이 나온다. 언뜻 보면 대체 어디에 도움이 될까 싶은 벌레 이름이나 성의 비품과 관련된 단어도 좋아하는 아이에게는 가장 흥미로운 지식이다.

호기심을 가지고 찾아본 지식은 기억에 오래 남는다. 그런 지식이 아이가 영어에 관심을 갖게 하는 출발점이 될 것이다.

■ 부모가 커뮤니케이션을 즐기자

가노 교수는 부모가 할 수 있는 것 중 가장 빠르고 효과적인 것은 커뮤니케이션을 즐기는 모범을 보여주는 것이라고 말한다. 영어를 잘 못 해 더듬거려도 커뮤니케이션을 즐기는 모습을 보여주는 것이다.

예를 들어 길을 찾는 외국인을 보면 우리말을 섞어 써도 좋으니 "도와드릴까요?"라고 말을 걸어보자. 다른 언어를 쓰는 사람에게 커뮤니케이션 의욕을 보이는 것은 큰 교육 효과가 있다고 한다. 아이가 '틀려도 괜찮아. 전달만 되면 돼'라고 생각하게 되면 '나도 영어를 써 볼까?'하며 다음 단계로 나아갈 수 있다.

METHOD 74

아이에게 배우기

- 다른 사람에게 가르치면 학습 효율이 오른다

"가르친다는 것은 두 번 배우는 것이다"라는 프랑스의 작가 조제프 주베르Joseph Joubert의 말처럼 우리는 다른 사람에게 가르치면서 이해가 부족한 부분에 대해 깨닫거나 더 깊이 이해하게 된다.

사람들에게 가르칠 때는 '말하기' '쓰기'를 하게 되는데, 이는 '읽기' '듣기'와 비교했을 때 뇌에 기억을 더 잘 정착시키는 것으로 알려져 있다.

심리 뇌과학자이자 미국 미주리주 세인트루이스 워싱턴대학university of washington in st. louis 교수 존 네스토즈코John Nestojko 박사는 가르친다는 마음가짐만 있어도 학습 효율이 좋아진다고 말한다.

네스토즈코 박사는 피험자를 두 그룹으로 나누어 1그룹에게는 "공부한 내용을 나중에 테스트한다"고 말하고, 2그룹에게는 "공부한 것을 나중에 다른 사람에게 가르쳐야 한다"고 말한 다음 같은 내용을 학습하게 하는 실험을 실시했다.

이후 두 그룹을 대상으로 같은 시험을 시행한 결과 2그룹의 성적이 좋았다고 한다.

우리는 '내가 배운 것을 누군가에게 가르쳐야 한다'는 자각이 있으면 새로운 정보를 흡수하는 능력이 향상된다. 즉 아이도 다른 사람에게 가르치는 것을 습관화하면 학습 효율이 향상되고 지식의 정착을 기대할 수 있다.

아이가 '잘 가르치게' 하려면 어떻게 해야 할까?

■ 아이에게 질문하자

아이가 풀고 있는 문제를 함께 보면서 "이건 어떻게 푸는 거야?"라고 물어보자. 대답을 듣고 나서도 잘 모르는 척하면서 더 자세히 질문해보는 것도 효과적이다. 왜 그런지에 대해 잘 설명하는지 확인하면서 질문을 여러 번 던진다.

모르는 척 하면서 아이에게 물어본다

■ 틀려도 지적하지 말자

아이의 설명이 틀리는 경우도 있을 것이다. 이럴 때 중간에 아이의 설명을 끊고 부모가 설명하면 의미가 없다. 아이의 설명을 가만히 들어주고 중간에 막히면 "이게 맞나?"라는 식으로 질문을 던져본다. 이때 아이가 잘못을 깨달으면 스스로 해결하려고 한다. 가능하면 도와주지 말고 스스로 생각하게 한다.

『공부의 비밀』(문학동네 | 2016.9.22.)이라는 책의 저자 베네딕트 캐리Benedict Carey는 "다른 사람에게 가르치면 혼란스러웠던 부분이나 잊었던 것들이 금세 명료해진다. 이는 매우 효과적인 학습법이다"라고 말했다.

심리학자이자 캘리포니아대학 로스앤젤레스 캠퍼스의 로버트 비요크Robert Bjork와 엘리자베스 비요크Elisabeth Bjork 교수 부부에 의하면 기억이 흐릿해졌거나 잊어버린 뇌의 기억을 소환하는 작업이 힘들수록 학습 능력이 높아진다고 한다. 다른 사람에게 가르칠 때는 애매함이 허용되지 않기 때문에 그런 의미에서도 높은 학습 효과를 기대할 수 있다.

■ 아이에게 고맙다고 말하자

아이에게 배우고 나면 "이제 이해됐어. 알기 쉽게 가르쳐줘서 고마워"라고 고마움을 표현한다. 이렇게 하면 아이에게는 '부모에게 도움이 됐다'는 성공 경험이 된다. 뇌는 이런 쾌감을 한 번 느끼면 같은 상황을 반복해서 느끼고 싶어 하기에 아이는 또 가르쳐 주고 싶다고 생각하게 된다.

METHOD 75

시간 간격을 두고 복습하기

- 암기 과목에 가장 좋은 공부법이다

심리학자이자 미국 미주리주 세인트루이스 워싱턴대학 헨리 뢰디거Henry Roediger 교수는 벼락치기가 습관이 되면 다음 학기에 성적이 뚝 떨어질 가능성이 있다고 말한다.

벼락치기는 시간이 없을 때는 나름대로 효과가 있지만, 그런 식으로 외운 지식은 오래 기억에 남지 않는다. 기억하는 양은 같아도 공부하는 시간을 분산시키면 지식이 뇌에 머무르는 시간이 훨씬 길어진다.

그럼 배운 내용을 더 오래 기억하기 위해서는 어느 타이밍에 한 번 더 공부하는 편이 가장 좋을까?

2008년 심리학자이자 캐나다 요크대학York University 멜로디 와이즈하트Melody Wiseheart 교수는 같은 심리학자이자 캘리포니아대학 해롤드 패실러Harold Pashler 교수와 함께 폭넓은 연령층의 1,354명을 대상으로 대대적인 실험을 시행했다.

그 결과 시험까지의 기간에 따라 복습하는 간격을 다음과 같이 바꾸는 것이 좋다는 결론을 도출했다.

'복습'하기 좋은 타이밍은 언제일까?

■ 복습하는 간격을 점차 늘리자

예를 들어 시험이 1주일 뒤고 그때까지 90분의 시간을 쓸 수 있다면 오늘 90분 모두 공부하는 것보다 오늘 30분 공부하고 그 다음날(또는 다다음날)에 30분, 시험 전날에 30분 정도 같은 내용을 공부하는 것이 머리에 확실히 남는다.

시험이 1달 후일 때는 오늘 공부하고 복습은 1주일 후에 하고 3번째 공부는 시험 전날에 하는 것이 가장 효과가 좋은 것으로 나타났다.

그리고 시험과 상관없이 지식을 오래 뇌에 정착시키고 싶다면 폴란드의 연구자인 피오트르 워즈니악Piotr Wozniak의 연구가 참고가 될 것이다.

워즈니악은 오늘 공부했으면 하루 이틀 후에 복습하고, 그 다음은 1주일 후에 하고, 그 다음은 1달 후(그 다음은 더 뒤에)에 하는 식으로 점차 간격을 벌려 복습하는 것이 기억을 뇌에 강력하게 뇌에 각인시키는 데 효과적이라고 밝혔다.

뇌의학 분야에서도 도쿄도의학종합연구소가 2018년 미국의 국제학술지 〈셀리포트Cell Reports〉에 게재한 연구 결과를 통해 '간격을 두고 반복 학습을 하면 뇌에 기억이 오랜 기간 정착한다'는 뇌의 기능이 밝혀진 바 있다.

■ 간격을 둔 학습은 암기에 효과적임을 알자

간격을 두고 하는 학습은 암기한 것을 기억에 저장하는 효과적인 방법이다. 많은 것을 오래 기억할 수 있으면 이해력도 깊어지기 때문에 이 방법은 이과 과목에서도 연구가 진행되고 있다. 단 현재까지 밝혀진 점은 어학과 용어, 지식 암기에 적합하다는 사실이다.

METHOD
76

칭찬하기

- 무엇을 칭찬하느냐에 따라 크게 달라진다

사람은 칭찬을 받으면 뇌의 신경이 자극을 받아 도파민이 분비되어 강한 행복감을 느낀다. 1960년대 교육심리학자이자 하버드대학 로버트 로젠탈Robert Rosenthal 교수는 교사가 학생에게 "넌 할 수 있어"라고 말하면 실제로 학습자의 성적이 오른다는 사실을 실험을 통해 밝혀내고 이를 '피그말리온 효과Pygmalion effect'라고 이름 지었다.

■ 칭찬법에 따라 효과가 달라짐을 명심하자

교육경제학자이자 게이오기주쿠대학 나카무로 마키코 교수는 미국의 대학에서 최근 실시된 몇 가지 연구 결과를 토대로 무턱대고 아이들을 칭찬하면 실력은 따르지 않는 나르시시스트로 키우는 결과를 초래할 수 있다고 말한다(『데이터가 뒤집은 공부의 진실』 | 로그인 | 2016.5.3.).

즉 칭찬이 효과가 없다는 말이 아니라 중요한 점은 '칭찬하는 법'이라는 이야기이다.

효과적인 '칭찬법'에는 어떤 것이 있을까?

■ 바로 칭찬하자

행동주의심리학의 학습 접근법에는 '즉시 확인의 원리'라는 개념이 있다. 칭찬을 하든 주의를 주든 '즉시 하는 것'이 중요하다는 뜻이다. 끝내고 바로 인정받을 때 기쁜 이유는 의식이 지금 거기에 있기 때문일 것이다.

■ 능력보다 노력을 칭찬하자

심리학자이자 컬럼비아대학 클라우디아 뮬러Claudia Mueller 교수와 캐럴 드웩Carol Dweck 교수는 '칭찬하는 법'과 관련해 초등학교 5학년 400명을 대상으로 실험을 실시했다.

결과에 따르면 시험 결과가 좋았을 때 "너는 머리가 좋아"라는 말을 들은 그룹은 이후 성적이 떨어졌고, "열심히 했구나"라는 말을 들은 그룹은 성적이 오르는 경향이 있었다고 한다.

'노력'보다 '능력'을 칭찬받은 아이는 어려운 문제에 직면하면 바로 포기하는 경향이 있었고 성적에 대한 부담 때문에 자신의 성적에 대해 거짓말을 하는 경향도 강한 것으로 나타났다.

한편 노력을 칭찬받은 아이는 성적이 나빠도 자신의 능력을 탓하지 않고 '노력이 부족했어'라고 생각하며 어려운 문제에 계속 도전하는 것으로 나타났다.

■ 과거와 현재를 비교하자

일본에서 도쿄대학 합격생을 가장 많이 배출하는 가이세이開成 중·고등학교 야나기사와 유키오柳沢 幸雄 전 교장은 "아이의 과거와 현재로 비교하면 얼마든지 칭찬거리를 찾을 수 있다"라고 말한다. 이를 '수직 비교'라고 하는데, 자존감을 높이기 위해서 아이의 성장을 수직 비교해 칭찬하는 것이 중요하다고 한다.

METHOD 77

피드백하기

- 고칠 점을 긍정적으로 알려준다

아이의 공부나 심부름에 대한 칭찬은 '할 수 있다!'는 자신감을 키워주는 데 매우 중요하다. 그러나 매번 칭찬만 할 수는 없고 아이가 고쳐야 할 점도 많을 것이다.

그럼 어떡하면 개선할 점을 효과적으로 전달할 수 있을까? 열쇠는 바로 '피드백'이다. 피드백이란 어떤 행동을 해서 어떤 결과가 나왔는지 구체적으로 알려주고 되돌아보게 하는 조언이다.

'피드백' 잘 하는 방법은 무엇일까?

■ 칭찬하기 → 개선할 점 → 칭찬하기의 샌드위치식 피드백을 하자

피드백 기법에는 PNP[Positive-Negative-Positive]법이라는 것이 있다. 이는 긍정적 피드백 사이에 부정적 피드백을 하는 것으로 '샌드위치식 피드백 방법'이라고도 한다.

처음에는 '칭찬'으로 시작한다. 구체적으로 어디가 좋았는지 칭찬한다. 그런 다음 '개선할 점'에 대해 조언한다. 이것이 매우 중요한 포인트이다. 그리고 다시 처음에 언급했던 '칭찬' 포인트를 반복하거나 경우에 따라서는 여기서 처음과는 다른 새로운

칭찬을 해 기분 좋게 마무리한다.

칭찬하는 말 중간에 개선할 점을 알려준다

■ 'How'와 'What'을 구체적으로 알려주자

이 피드백에서 중요한 점은 샌드위치의 가운데, 즉 '아이가 앞으로 개선해야 할 점'이다. 포인트는 어떤 방법으로[How], 무엇을 하면 되는지[What]를 구체적으로 알려주는 것이다. 이때 일방적으로 밀어붙이지 말고 질문을 통해 아이가 스스로 결론을 내릴 수 있도록 끌어준다.

■ '그런데'보다 '그럼'이라고 말하자

피드백은 아이가 성장할 기회이다. 주위의 말 한 마디에 아이의 행동이 달라진다. 피드백을 할 때 "그런데…"와 같은 접속사를 쓰면 아이의 의욕을 꺾을 수 있다. 그러니 피드백을 할 때 의식적으로 "…… 그럼"이나 "…… 하면 어떨까?"라는 표현을 쓰면 아이도 긍정적으로 받아들이게 되고 동기부여도 된다.

■ 격려도 잊지 말자

피드백에 그치지 말고 추후에 조금이라도 좋아진 점이 보이면 바로 칭찬한다.

긍정 표현으로 피드백한다

METHOD 78

우선순위 정하기

- 할 일 리스트를 작성해 정리한다

우리는 평소 하고 싶은 일부터 먼저 하고 해야 할 일은 자꾸 미루는 경향이 있다. 아이들은 더 그렇다. '하고 싶은 일을 최우선!'으로 한다. 아니, 아이들은 '우선순위'가 무엇인지조차 잘 모른다. 응용행동분석학자이자 돗토리대학Tottori University 이노우에 마사히코井上 雅彦 교수는 매일 할 일을 '포스트잇'에 정리해 시각화하면 아이도 우선순위를 정하기 쉽다고 조언한다.

'우선순위'는 어떻게 정하면 좋을까?

■ 시간대별로 구분하자

먼저 시간대를 아침, 점심, 저녁으로 구분해 생각한다. 각각의 시간대에 아이가 하고 싶은 것, 하는 것이 좋다고 생각하는 것을 모두 포스트잇에 적게 한다.

■ '꼭 할 일'과 '하고 싶은 일'로 나누자

포스트잇 1장에 행동은 1개만 적는다. 세수, 이 닦기, 식사, 목욕, 숙제, 연산, 한자쓰기 연습 등 '매일 꼭 할 일'과 친구와 놀기,

게임 하기, 책 읽기, TV 보기 등 '시간이 있으면 하고 싶은 일'을 색으로 (예 : 꼭 할 일은 핑크색, 하고 싶은 일은 녹색 등으로) 구분한다.

■ '꼭 할 일'로만 채우지 말자

학년이 올라갈수록 학원이 늘어 귀가 시간이 늦어지는데 집에서도 여러 가지를 시키려고 하면 아이가 '하고 싶은 일'을 할 시간이 없어진다.

스탠퍼드대학 교육학대학원 전임강사이자 청년층의 성공과 동기부여 분야의 전문가인 데니스 포프Denise Pope 씨는 "어린아이는 매일 방과 후 정해진 시간에 '노는 시간 1시간'이 필요하다"고 말한다. 놀이가 뇌를 활성화해 아이들의 창의력과 공감력도 높여준다는 사실은 이미 증명됐다. 이것저것 시키려고 하기 전에 우선적으로 자유시간을 주는 것이 중요하다.

■ 고무자석 시트지를 활용해 달성감을 느끼게 하자

어느 정도 우선순위가 자리 잡히면 포스트잇이 아니라 양면이 자석인 고무자석 시트지를 이용해 아이와 함께 '할 일 리스트'를 만들어보자. 1,000원 숍에서 컬러풀한 고무자석 시트지를 사다 포스트잇과 같은 방법으로 '꼭 할 일'과 '하고 싶은 일'을 색으로 구분해 포스트잇에 적은 내용을 그대로 옮겨 적는다.

고무자석은 뒷면에도 글씨를 쓸 수 있으니 뒷면에는 성공! 잘했어! 등과 같은 말이나 스마일 표시 등을 그려 넣어 한 가지 일이 끝날 때마다 뒤집어서 확인하면 아이가 달성감을 느끼게 할 수 있다.

아이들을 위한 '할 일 리스트'는 많은 부모가 다양한 아이디어로 실천하고 있고 인터넷에도 많이 공개되어 있으니 '어린이 계획보드' 등으로 검색해 찾아보면 도움이 될 것이다.

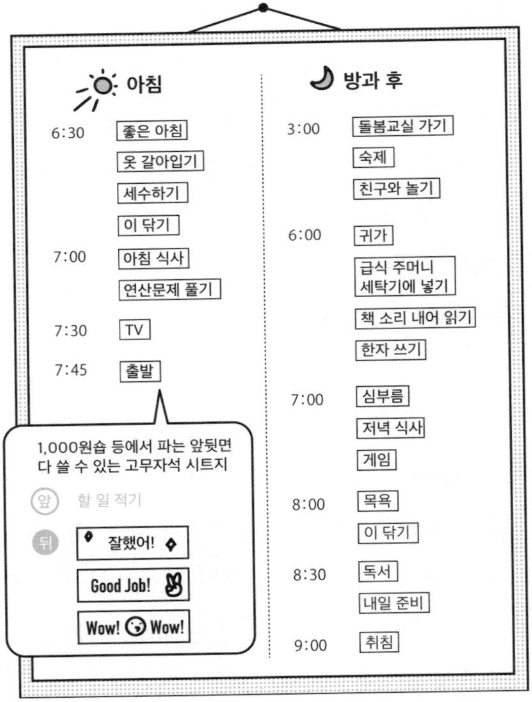

할 일을 1개씩 했을 때마다
고무자석을 뒤집어 달성감을 느끼게 한다

METHOD 79

책 소리 내서 읽기

- 틀려도 좋으니 즐겁게 읽는다

책을 읽을 때 소리 내 읽으면 뇌에서 '읽기' '말하기' '듣기'라는 작업을 동시에 하는 것처럼 된다. 특히 전두엽이라는 부분이 자극을 받는다. 전두엽은 기억, 의욕, 자제심을 컨트롤하는 곳이다. 즉 소리 내 책을 읽어 전두엽을 자극하면 기억력, 집중력, 주의력 등을 단련할 수 있다.

또 뇌에 '행복 호르몬'이라 불리는 세로토닌이 많이 분비되어 신경이 안정되는 효과도 있다고 한다.

소리 내 읽기

소리 내서 읽기는 인풋 X 아웃풋으로
뇌에 좋은 자극을 줄 수 있다

아이가 '소리 내서' 책을 읽을 때 주의할 점은 무엇일까?

■ 하던 일을 멈추고 들어주자

아이가 책을 소리 내서 읽을 때는 다른 일을 하면서 듣는 것은 좋지 않다. 부모는 하던 일을 멈추고 들어줘야 한다.

■ 바로 칭찬하자

다 읽고 나면 바로 "잘 읽었어" "대단해"라고 칭찬한다. 뇌과학자인 가와시마 류타 교수는 부모가 바로 칭찬해주면 그것만으로도 아이의 뇌는 활성화되어 의욕이 올라간다고 강조한다.

■ 공부 전이 효과적이니 잘 활용하자

바로 칭찬해주면 뇌가 활성화되어 의욕이 올라가기 때문에 책을 소리 내서 읽는 일은 공부 전 워밍업으로 하는 것이 가장 좋다. 가와시마 교수의 연구에 따르면 책을 소리 내서 읽으면 기억의 용량이 20~30% 정도 늘어난다고 한다.

특히 아이의 경우 뇌의 그릇이 커져 기억력뿐 아니라 창의력과 논리적인 사고력, 자제심 등도 향상된다고 한다.

■ 틀려도 바로 고쳐주지 말자

30년에 걸쳐 초등학생에서 고등학생까지의 작문 지도를 하고 있는 '말의 숲[言葉の森]' 대표 나카네 가쓰아키[中根 克明] 씨는 아이가 초

등학교 저학년일 때는 단어를 잘못 읽거나 끊어 읽기를 잘못해도 바로 고쳐주지 말고 끝까지 들어주라고 조언한다.

읽다가 막혔을 때 읽는 것을 중단시키고 잘못을 지적하면 그 다음부터는 아이가 긴장하며 읽게 된다. 그럼 아이는 읽는 것이 힘들어져 오래 지속하지 못 하게 된다고 한다.

나카네 씨는 아이가 잘못 읽었을 때 바로 지적하지 말고 아이가 다 읽고 나면 부모가 같은 부분을 다시 읽어 아이에게 들려주면 좋다고 말한다.

부모도 마지막까지 즐겁게 그리고 정확히 잘 읽으면 아이도 자연스럽게 잘못 읽은 부분을 고치게 된다고 한다. 조금 틀렸다고 문장 전체의 의미가 크게 달라지는 것은 아니니 칭찬부터 해주자. 무엇보다 아이가 즐겁게 읽는 것이 최우선이라고 나카네 씨는 조언한다.

■ 반복하면서 속도를 올리자

가와시마 교수는 읽는 속도를 올리면 뇌의 회전 속도도 같이 올라간다고 말한다. 뇌에 부하를 주면 전두엽이 점점 활성화되어 문장을 이해하는 속도가 빨라진다.

눈으로 문자 정보를 입력하고 소리를 내서 읽는, 즉 인풋과 아웃풋을 빠르게 반복하면 눈으로 읽은 기억과 소리를 내서 읽은 기억이 잘 이어져 기억력도 좋아진다.

METHOD 80

상 주기

- 동기부여를 위한 상을 준다

상에 대해서는 학자들도 여전히 의견이 갈린다. 미국의 심리학자이자 로체스터대학[University of Rochester] 에드워드 데시[Edward Deci] 교수는 대학생을 두 그룹으로 나누어 실험을 시행했다. 이 실험에서 한 그룹에는 퍼즐을 풀 때마다 상금을 약속하고 또 다른 그룹에는 아무 것도 약속하지 않았다.

실험에 참여한 모든 학생은 퍼즐을 좋아하는 학생들이었는데, 이 조건을 듣자 상금을 약속 받은 그룹은 상금이 없을 때는 퍼즐을 하지 않게 됐다. 상을 줌으로써 뇌가 퍼즐을 '상이 주어지는 노동'으로 인식해 동기부여가 약해진 것이다.

하버드대학 경제학과 롤랜드 프라이어 주니어[Roland Fryer Jr.] 교수는 '시험을 잘 보면 상을 줄 경우'와 '책을 한 권 읽을 때마다 상을 줄 경우' 중 어느 쪽의 학력이 더 많이 오르는지 대규모 실험을 실시했다. 그 결과 성적이 오른 쪽은 책을 읽으면 상을 받을 수 있다는 말을 들은 아이들이었다.

칭찬과 마찬가지로 상은 퍼즐을 풀었을 때나 성적이 좋았을 때처럼 '결과'가 아니라 책을 읽었을 때와 같이 '노력'에 대해 주면 더욱더 효과가 있다고 할 수 있다.

'상'을 줄 때 주의할 점은 무엇일까?

■ 결과가 아니라 노력에 주자

예를 들어 '책을 소리 내서 3번 읽으면' '줄넘기 연습을 15분간 하면' 등과 같이 노력에 대해 상을 주자. 반대로 '100점 맞으면' '학원 레벨이 오르면' '피아노를 안 틀리고 치면'처럼 결과에는 상을 걸지 않는 것이 좋다.

■ 주는 이유를 분명하게 말하자

결과에 상을 주게 되면 그 결과를 낼 때까지 상을 받을 수 없다. 그러나 노력에 대해 상을 주면 할 것만 하면 확실하게 상을 받을 수 있다. 나중의 결과가 아니라 당장 이 노력을 하면 상을 준다고 분명하게 말하면 아이는 지금 해야 할 일이 무엇인지 쉽게 이해하고 의욕이 올라가 열심히 하게 된다.

■ 트로피나 상장을 주자

사회경제학자이자 시카고대학 스티븐 레빗Steven D. Levitt 교수가 실행한 실험에서는 아이가 어릴 때는 상으로 돈보다는 메달이나 트로피 같은 것이 더 의욕을 자극하는 것으로 나타났다.

메달이나 트로피는 1,000원숍 같은 곳에서 살 수 있고 상장은 인터넷에 검색하면 무료로 쓸 수 있는 템플릿도 있다. 문구점에서 파는 '칭찬 스티커'도 종류가 다양해 아이들이 좋아한다.

트로피나 상장은 큰 달성감을 느끼게 한다

■ 돈을 줄 때 주의할 점을 기억하자

하버드대학 롤랜드 프라이어 주니어 교수의 조사에서는 상으로 돈을 받은 아이들은 돈을 허투루 쓰지 않고 저축을 하는 등 돈을 규모 있게 쓰고 있는 경우가 많았다.

교육경제학자인 나카무로 마키코 교수는 이 결과가 돈을 주며 저축도 할 수 있게 은행 계좌를 만들어 주거나 가계부를 쓰게 하는 등 '금융 교육'이 동시에 이루어진 것이 하나의 원인이 아닌가 보고 있다. 돈에 관한 정확한 지식을 심어 주면 상으로 돈을 주는 것도 나쁘지는 않아 보인다.

METHOD 81

의욕 불어넣기

- "내가 할래!"라고 말하는 아이로 키운다

어떡하면 스스로 공부하는 아이가 될까? 의욕이 생기게 하려면 어떡하면 좋을까? 심리학에서는 의욕이 생기게 만드는 것을 '동기부여'라고 한다. 동기부여는 당근과 채찍처럼 타인으로부터 영향을 받는 '외발적'인 것과 자신의 내면에 있는 관심이나 흥미, 의욕에 의한 '내발적'인 것으로 나뉜다.

외발적 동기부여는 부모가 컨트롤하기 쉬워 바로 효과가 나타나지만 오래가지는 못 한다. 예를 들어 아이가 성적이 나쁘면 혼난다는 이유로 공부하면 혼나지 않는 것이 목적이 되기에 자발적으로 공부해야겠다는 의욕이 떨어진다. 효과가 나타날 때까지 시간은 걸려도 의욕을 지속시키려면 '내발적 동기부여'가 필요하다.

'의욕'을 자극하는 방법은 무엇일까?

■ 성공 체험을 하게 하자

로체스터대학University of Rochester 에드워드 데시 교수는 "스스로 할 수 있다는 유능감이 있으면 의욕이 높아지고, 뭘 해도 안 된다고 생각하면 의욕이 떨어진다"고 지적한다.

베네세교육종합연구소가 실시한 '초·중학생의 학습에 관한 실태조사(2014)'에서도 스스로 할 수 있다는 생각이 강한 아이일수록 내발적 동기부여로 학습에 열중하고 성적도 좋은 경향이 있다고 나타났다.

그럼 스스로 할 수 있다는 생각이 약한 아이라 의욕이 생기지 않을 때는 어떻게 하면 좋을까? 발달심리학자 와타나베 야요이 교수는 '성공 체험'을 시키는 것이 중요하다고 말한다. 이를 위해서는 아이가 성공할 수 있게 열심히 하면 반드시 도달할 수 있는 목표를 구체적으로 설정해주고, 도달하면 "잘했어!"라고 칭찬해 달성감을 준다.

그런 다음 다시 성공할 만한 목표를 세워주는 식의 '스몰 스텝'을 설정하는 방식이 효과가 있다고 한다. 달성감을 느끼기 쉽게 해주면 단계적으로 자신감이 생겨 학습 의욕이 올라간다.

■ 스스로 고르게 하자

아이가 할 일을 자유롭게 고를 수 있으면 내발적 동기부여가 강해진다. 데시 교수가 실시한 실험에서는 한 그룹에는 '어느 퍼즐을 풀지, 그 퍼즐에 어느 정도의 시간을 들일지'를 스스로 선택하게 하고 다른 그룹은 첫 그룹이 선택한 것과 같은 퍼즐을 그냥 주고 같은 시간 내에 풀도록 지시했다.

그러자 선택의 기회가 주어진 첫 그룹은 다른 그룹과 비교해 의욕이 높았다. 즉 무엇을 언제 어디서 어떤 순서로 할지 등을 스스로 자유롭게 선택할 수 있으면 의욕이 올라간다.

■ 의지하고, 칭찬하고, 격려하자

데시 교수는 처음에는 외발적 동기로 시작한 일도 나중에는 내발적 동기가 커지는 경우가 있다고 말한다. 처음에는 좋아서 시작한 일이 아니더라도 주위의 누군가가 자신에게 의지하거나 칭찬을 해주고, 실패해도 따뜻하게 지켜봐 준 경험을 하면 '즐겁다, 더 알고 싶다'는 흥미와 관심으로 바뀐다고 한다.

특히 아직 의욕이 낮은 단계일 때는 '함께 할 수 있는 존재'가 동기부여를 더 단단하게 만든다. 학습에 소극적인 아이에게는 어른이 곁에서 격려하면서 공부를 봐 주거나 동생 등 다른 아이를 가르치게 하면 의욕을 끌어내는 계기가 된다.

■ 좋아하는 것을 주체적으로 배우게 하자

심리학자이자 옥스퍼드대학University of Oxford 교육학자였던 제롬 브루너Jerome Seymour Bruner 교수는 좋아하는 것을 배울 때 느끼는 즐거움과 호기심은 내발적 동기부여의 중요한 원천이라고 말했다.

호기심을 자극하기 위해서는 아이가 좋아하는 일에 깊이 파고들게 해 '알고 싶다'는 마음을 자극하도록 부모가 함께 즐기는 것이 좋다. 주체적인 자세가 배우고자 하는 의욕을 끌어낸다.

아이가 좋아하는 것이 있다면 다양한 자료를 주고
직접 체험을 시켜 학습 의욕을 끌어낸다

METHOD 82

도와주기

- 간섭하지 않고 도와준다

하버드대학 아동발달센터에 의하면 아이들에게 주위 어른들의 적절한 도움은 기억력과 집중력, 자제심 등을 담당하는 뇌 기능 발달에 매우 중요하다고 한다. 그런데 최근에는 불필요한 것까지 부모가 도와주는 지나친 간섭이 문제가 되고 있다.

간섭을 많이 하는 부모들은 아이가 어려운 일에 부딪히거나 실패할세라 미리 나서서 장애물을 싹 치워 버리려고 한다. 부모가 아이들 곁을 항상 맴돈다고 해서 '헬리콥터 부모' 또는 '컬링육아'라는 표현도 생겨났다. 미국에서는 헬리콥터 부모 밑에서 자란 대학생들에게서 상당한 수준의 우울증을 보인다는 조사 결과도 있다.

심리학자이자 교토대학Kyoto University 가와이 하야오河合 隼雄 명예교수는 "옛날 부모들은 돈이 없어 아이들에게 최소한의 의식주조차 충분히 해줄 수 없었기 때문에 '무엇을 해줄까'를 고민했다. 그러나 요즘 부모들은 '무엇을 하지 말지'를 고민해야 한다"는 말을 남겼다. 하지만 이 역시 저출생 시대에 이러한 조절이 쉬운 일은 아닐 것이다.

'어떻게' 도와주면 좋을까?

■ 3가지로 분류하자

뇌는 정리가 안 된 책상에 앉으면 주의가 산만해지고 피로해진다. 아이가 정리를 잘 못 하면 부모가 함께 치워주자. 곤도 마리에 씨에게 사사 받은 정리 컨설턴트 안도 미쓰구安藤 貢 씨는 물건을 '3가지' 내로 분류하면 아이도 쉽게 정리할 수 있다고 말한다. 어떻게 분류할지는 아이와 함께 상의해 결정한다. 오랫동안 쓰지 않은 물건은 과감히 버리거나 정리함 등에 넣어 둔다.

3가지 정도로 분류하면
정리하기 쉽다

■ 매일의 루틴을 만들자

아이는 계획 세우기를 어려워한다. 꼭 해야 하는 일이라면 무엇을 언제 할지 아이와 미리 정해 매일의 루틴으로 만든다.

■ 어떻게 할지는 아이가 고르게 하자

하나부터 열까지 다 부모가 챙겨주면 아이는 스스로 무엇을 해야 할지, 무엇을 하고 싶은지 결정하지 못 하게 된다.

무엇을 하고 싶고 무엇을 먼저 해야 하는지 등 의사 결정은 아이에게 맡긴다. 아이가 쉽게 결정하지 못하더라도 스스로 결정할 때까지 기다린다. 아이의 결정을 존중하고 어른의 사정을 우선하지 않도록 해야 한다.

■ 방해하지 말고, 도와주지 말자

아이가 운동이나 공부를 하다 힘들어하거나 손 놓고 멍하니 있더라도 부모는 일단 지켜본다. 물론 아이가 크게 다칠 수 있는 위험한 상황이거나 누군가를 다치게 할 수도 있는 상황일 때는 어른이 도와줘야 하지만, 어른의 사정으로 아이를 방해하거나 지나친 도움을 주어 아이의 달성감까지 빼앗아서는 안 된다.

■ 용기를 주자

아이 입장에서 이건 누가 도와주면 좋겠다고 생각하는 상황이 있을 것이다. 이럴 때도 부모가 바로 손을 내밀면 아이는 부모에게 계속 의지하려 들 것이다. 아들러는 부모의 도움이란 아이가 스스로 과제를 해결해야 한다고 생각하도록 아이에게 "어떡하면 좋을 것 같아?"라고 물으면서 용기를 주는 것이라고 말한다.

METHOD
83

학교는 함께 정하기

- 진학률로만 고르지 않는다

학습지도요령이 개정되어 2020년부터 지식이나 기능 습득을 목적으로 한 기존의 교육뿐 아니라 대화를 통해 주체적으로 배우는 '액티브 러닝'이 도입됐다. 영어는 초등학교부터 정식 교과목이 됐고 '읽기 쓰기 듣기 말하기' 4가지를 통해 표현력을 익히는 것이 중심이 됐다.

이러한 개혁의 흐름 속에서 공립, 사립을 불문하고 기존의 학교들이 교과과정을 크게 바꾸는가 하면 사이버 학교, 전교생이 기숙사 생활을 하는 학교, 국제학교 등 학교의 종류가 점점 더 다양해지고 있다.

이렇게 많은 선택지 중에서 학교를 고르려면 '학교에 바라는 점'이 분명해야 한다. 특히 중·고등학교 시절은 인격이 형성되는 시기여서 하루 중 대부분 시간을 보내는 학교를 어떤 곳으로 고르느냐는 아이의 성장에 큰 영향을 줄 것이다.

'학교'는 어떻게 고르면 좋을까?

■ 공립을 갈지 사립 입시를 준비할지 정하자

공립의 장점은 돈이 적게 들고 집에서 가까우며 초등학교 때 친구가 함께 진학해 학교에 친구가 많아 안심이 되고 초등학교 때도 충분히 놀 수 있다는 점 등을 들 수 있다.

한편 입학시험을 봐서 들어가는 사립 중학교를 선택하면 어릴 때부터 입시학원에서 공부해야 하는 등 힘든 시간을 보내야 한다. 경제적인 부담도 크다. 학원비도 많이 들지만 사립의 경우는 학비도 만만치 않다.

그래도 중·고등학교가 함께 있는 학교에 입학하면 고등학교는 입학시험을 보지 않아도 되기 때문에 시간적으로나 정신적으로 여유가 생긴다는 장점은 있다. 동아리 활동이나 교내외 행사나 활동 등 하고 싶은 것을 마음껏 누리면서 여유롭게 6년을 보낼 수도 있다.

■ 중학교 입시 학원을 고르자

사립 중학교 입시를 준비한다면 초등학교 3학년부터 입시학원을 다니는 것이 일반적이다. 대형학원은 교재, 교과과정도 잘 되어 있어 안심할 수 있다.

단 교재 정리 및 스케줄 관리 등 부모가 도와줘야 하는 학원도 있으니 학원을 정할 때는 진학률이나 레벨뿐 아니라 가정의 상황과 맞는지도 잘 살펴봐야 한다.

개인이 경영하는 학원이나 개인지도는 옥석을 가리는 것이 쉽지 않지만 아이와 잘 맞는 선생님을 만나면 대형학원에는 기대할 수 없는 세심한 지도를 받을 수 있다.

■ 학교에 바라는 점을 정하자

처음부터 조건을 너무 한정 짓지 말고 여러 학교에 직접 가보면 학교를 고르는 눈이 생긴다. 중학교 입시 전문가이자 교육 저널리스트인 오타 도시마사 씨는 '학교 고르는 요령'으로 다음 4가지 기준을 제안한다. 학교를 고를 때 이 4가지 기준으로 고려할 포인트를 정하면 마음에 드는 학교를 고르기 수월하다.

선입견을 버리고 아이와 여러 학교를 직접 가본다

① 남녀공학인가? 아닌가?

남학교 또는 여학교의 경우 이성에 신경 쓰지 않고 편하게 지낼 수 있다는 장점이 있고, 공학은 개성의 폭이 더 넓고 다양한 환경을 접할 수 있는 장점이 있어 각각의 매력이 다르다.

② 학교의 역사와 설립 배경은 어떤가?

이 점은 학부모들이 별로 고려하지 않는 부분인데, 오타 씨는 이 부분도 아이들에게 크게 영향을 미친다고 말한다. 각자 다른 개성을 가진 학생들이 공통된 '학풍' 같은 것이 몸에 배어 졸업하게 되기 때문이다.

이러한 '학풍'은 교장 선생님을 보면 알 수 있는데, 교장 선생님의 언행에서 건학 이념의 정신이 담긴 인재상을 엿볼 수 있다고 한다.

③ 자유와 규율의 균형은 어떤가?

오타 씨는 이 부분을 확인하려면 문화제에서 학생들에게 얼마나 자유가 주어지는지 보면 도움이 된다고 조언한다. 그리고 학교 견학 때 교장 선생님, 선생님, 학생들 사이에서 허물없이 대화가 이루어지고 있는지 보는 것도 자율과 규율의 균형을 알 수 있는 포인트라고 한다.

④ 진학률을 지나치게 강조하고 있지 않은가?

진학률을 지나치게 강조하는 학교는 입시에 중점을 둔 교과과정으로 수업이 진행되는 경우가 많고, 진학률이 높은데도 크게 강조하지 않는 학교는 폭넓은 일반교양이나 사고력을 키워주는 교과과정으로 수업이 진행되는 경우가 많다고 한다.

■ 1지망만 고집하지 말자

입시에서 부모와 아이 모두 주의할 점은 '1지망에서 떨어지면 실패'라는 생각에 빠지지 않는 것이다. '다 괜찮은 학교라서 모두 합격하면 곤란한데'라는 생각을 가지고 아이가 어느 학교에 합격해도 기쁘게 진학하도록 지도하는 것이 중요하다.

METHOD 84

아이에게 공간 주기

- 잠재 능력을 키워주는 환경을 만든다

게이오기주쿠대학발 벤처기업에서 주택 종합컨설팅을 해온 시지마 야스시四十万 靖 씨는 유명 사립중학교에 합격한 아이가 있는 약 200여 가구의 주거 환경을 '머리가 좋은 아이'는 어떤 집에서 자라는지 취재 형식으로 조사했다.

시지마 씨와 함께 이 조사에 참여한 건축가이자 도요대학 정보연계학부 와타나베 아키코渡邉 朗子 교수는 머리가 좋은 아이란 단순히 공부를 잘하는 아이가 아니라 '호기심이 강하고 사물을 잘 관찰하며 생각하고 문제가 있으면 과감하게 도전하는 감성과 창의력이 뛰어난 아이'를 의미한다고 말한다(『머리 좋은 아이로 키우는 집』 | 시지마 야스시 글 | 삼성출판사 | 2007.4.30.).

조사 결과를 분석해보니 아이들이 공부하기 좋은 집에는 다음과 같은 몇 가지 공통점이 있었다고 한다.

'아이의 공간'은 어떻게 만들어야 할까?

■ 집 안 어디서든 자유롭게 공부하게 하자

와타나베 교수는 아이의 생활공간은 아이 방이 아니라 집 전체라며 머리가 좋은 아이로 키우는 집의 공통 요소로 '노마드 Nomad(디지털 기기를 들고 다니며 시공간의 제약을 받지 않고 자유롭게 사는 유목민 같은 사람들을 가리키는 말)'를 꼽았다.

머리가 좋은 아이들은 유목민처럼 집 안 여기저기 돌아다니면서 공부하지 자기 방 자기 책상에 앉아서만 공부하지 않는다. 가족들의 인기척이 느껴지는 곳이라야 아이가 안심하고 공부할 수 있다고 한다.

■ 아이 방은 통풍이 잘되는 곳으로 하자

아이에게 혼자 있을 수 있는 개별 공간은 정신적으로 안심감을 주어 성장 과정에서 반드시 필요하다. 하지만 그렇다고 아이 방을 공부, 놀이, 수면 등 모든 것이 가능한 멀티 공간으로 만들 필요는 없다.

오히려 "작아도 가족의 정이 느껴지고 통풍이 잘되는 곳이라야 한다"라고 와타나베 교수는 강조한다.

이와 같은 예로 아이가 자기 방 방문을 열어놓고 생활하거나 방문에 커튼을 쳐서 공간을 구분하는 등 방에서도 부모와 아이가 서로의 인기척을 느낄 수 있는 방법을 찾는다.

아이 방은 문을 항상 열어 놓아
고립되지 않도록 한다

■ 자기 방 사용은 단계적으로 하자

어린이 환경학자이자 와세다대학[Waseda University] 사토 마사유키[佐藤将之] 조교수는 아이가 "내 방 갖고 싶어!"라고 말하기 시작하면 처음에는 자기 방에서 잠만 자게 하고 공부는 거실에서 계속 하도록 하는 등 단계적으로 자기 방 사용 시간을 늘리는 것이 도움이 된다고 조언한다.

■ 아이 방은 거실을 거쳐야 하는 방으로 하자

건축가인 요코야마 아키토[橫山 彰人] 씨는 바로 현관으로 들락날락할 수 있어 부모와 얼굴을 마주칠 일이 별로 없는 곳에 아이 방을 만들면 아이가 가족들로부터 고립되어 비행을 저지르게 될 가능성도 있다고 충고한다.

부모가 모르는 사이 친구들이 아이 방을 자유롭게 들락날락하거나 아이가 부모에게는 말하지 않은 채 마음대로 외출하는 일이 없도록 아이 방은 거실을 거쳐야 하는 방으로 정하는 것이 이상적이다.

■ 자연을 접하게 하자

사람은 집을 포함해 외부 환경에 많은 영향을 받는다. 해부학자이자 도쿄대학 의학부 요로 다케시養老孟司 명예교수는 유럽에는 '자연결핍증후군'이라는 말이 있다며 돌멩이와 물웅덩이가 있고 벌레가 기어 다니며 풀이 있는 자연 친화적인 환경에서 아이들이 충분히 시간을 보낼 수 있게 해주지 않으면 지각이 제대로 발달하지 않는다고 말한다.

자연 속에서 오감을 쓰는 경험을 꾸준히 하지 않으면 뇌 성장의 균형이 깨진다. 자연이 부족한 도시에서 산다면 주말이나 휴일에는 자연을 접할 수 있는 곳으로 가족 모두 외출하는 것도 아이의 성장 과정에서는 중요한 일이다.

METHOD 85

일찍 자고 일찍 일어나기

- 뇌를 위해 충분한 수면을 취한다

뇌과학자이자 캘리포니아대학 버클리 캠퍼스 매슈 워커Matthew Walker 교수에 따르면 학습 후 충분한 수면을 취하면 수면을 취하지 않은 경우보다 기억이 뇌에 더 잘 정착하는 것으로 밝혀졌다고 한다. 하버드대학 의학부는 연구를 통해 학습 후 처음 30시간이 중요하며, 이 기간 동안 수면이 부족하면 30시간이 지나 하룻밤 푹 자는 것은 소용이 없다고 밝혔다.

이러한 수면과 학습에 관한 다양한 연구에서 수면은 전날 공부한 내용이나 익힌 테크닉을 기억에 더 깊게 머무르게 할 뿐 아니라 이해를 심화시키는 효과도 있는 것으로 밝혀졌다.

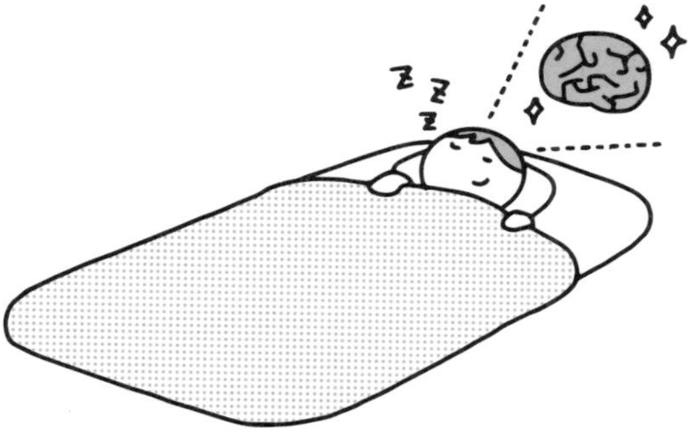

학습 후 30시간 안에 아이가 충분히 자도록 한다

뇌는 잠든 사이에도 깨어 있을 때 하는 다양한 정보 처리뿐 아니라 깨어 있을 때 한 처리를 보완하는 일까지 한다. 잘 시간을 아껴서 공부한다는 말이 있는데, 최근 연구 결과를 보면 이는 좋은 방법이라 할 수 없다.

일본 문부과학성에 의하면 일찍 자고 일찍 일어나는 아침형 인간과 늦게 자고 늦게 일어나는 저녁형 인간의 공부와 스포츠 성적을 비교한 결과, 두 가지 성적 모두 아침형 인간이 저녁형 인간보다 좋은 경향이 있었다는 연구 결과가 있다.

미국에서도 고등학생들의 학업 성적에서 비슷한 결과가 있었다고 한다. 그만큼 일찍 자고 일찍 일어나는 습관으로 충분히 수면을 취하는 것이 학습에도 매우 중요하다고 할 수 있다.

'일찍 자고 일찍 일어나려면' 어떻게 해야 할까?

■ 초등학생은 밤 9시에는 자게 하자

소아청소년과 의사이자 분쿄대학 교육학부의 나리타 나오코 교수에 의하면 초등학생은 가능한 한 밤 9시에는 취침하는 것이 좋다고 한다. 성장호르몬이 효율적으로 제 기능을 발휘하려면 밤 10시에는 '숙면' 상태인 것이 가장 좋기 때문이다.

학원 때문에 귀가가 늦는 날은 학원 가기 전에 주먹밥이라도 먹도록 한다. 그럼 귀가 후에 가볍게 식사한 후 너무 늦지 않게 잠자리에 들 수 있다(p.352 'METHOD 87 균형 잡힌 영양 섭취하기' 참조).

■ 오후 3시 이후의 낮잠은 피하자

오후 3시 이후에 낮잠을 자면 밤늦게까지 잠이 오지 않을 수 있다. 잠자는 시간이 늦어지지 않도록 낮잠을 잘 때는 오후 3시 이전에 30분~1시간 정도가 적당하다.

■ 잠자기 1시간 전부터 블루라이트를 피하자

스마트폰이나 게임기의 액정화면에서 나오는 블루라이트는 수면 호르몬인 '멜라토닌'의 천적이다. 방 조명에 쓰이는 백색 LED 조명기기에도 블루라이트가 많다. 에도가와대학 수면연구소 후쿠다 가즈히코 교수는 "아이들의 눈은 수정체가 맑고 동공도 크기 때문에 블루라이트의 영향을 받기 쉽다"고 말한다. 잠을 잘 자려면 적어도 잠들기 1시간 전부터는 블루라이트에 노출되지 않도록 주의하고 방 조명도 너무 밝지 않도록 신경 쓴다.

■ 아침에 아이가 할 일을 만든다

아이가 잠을 깊이 자지 못해 아침에 잘 못 일어날 때는 '빨래 널기' '식탁에 수저와 컵 놓기' '반려동물 밥 챙기기'처럼 아침에 일찍 일어나서 해야 하는 집안일을 아이에게도 시키면 효과적이다. 아침 일찍 일어나는 습관이 들면 밤에는 자연히 일찍 잠자리에 들게 된다.

METHOD 86

집중력 키우기

- 집중 유지 시간은 고작 15분이다

정보과학자이자 캘리포니아대학 어바인 캠퍼스 글로리아 마크Gloria Janet Mark 교수에 의하면 사람들이 집중 상태에서 지적인 활동을 하다 방해받으면 다시 집중 상태로 돌아가는 데 '23분'이나 걸린다고 한다. 미국 브루킹스 연구소는 집중하다 자주 방해받으면 아이 뇌의 실행 능력이 저해된다고 밝혀냈다.

아이들 주변에는 즐거운 자극이 넘쳐난다. 이 때문에 머릿속이 잡념으로 가득 차곤 한다. 현대 사회는 아이들의 뇌가 한 가지에 집중하기 어려운 환경이어서 효율적인 학습과 뇌 발달에 결코 좋은 분위기라고는 하기 어렵다.

'집중력'을 키우는 방법에는 무엇이 있을까?

■ 책상 위에는 지금 할 것만 올려놓자

공부할 때는 먼저 시야에 불필요한 것이 들어오지 않는 환경을 만들어야 한다. 뇌는 자동으로 불필요한 것에서도 정보가 들어와 에너지를 소비하게 되어 피로해진다. 아이의 뇌가 불필요하게 에너지를 소모하지 않도록 하기 위해서는 관계없는 것들을 책상에서 치우거나 또는 무늬가 없는 천으로 덮어 가리는 것도 효과적이다.

해야 할 일에 집중할 수 있도록 지금 할 것만 눈앞에 둔다. 정리 컨설턴트 안도 미쓰구 씨는 책상 위에 올려놓는 문구류도 아이가 좋아하고 쓰기 편한 것들로만 엄선하라고 조언한다.

■ 루틴을 정하자

루틴이란 항상 빼놓지 않고 하는 '의식'과 같은 것을 말한다. 고로마루 아유무五郎丸 歩 럭비선수는 킥하기 전에 하는 기도하는 듯한 포즈로 유명한데, 많은 스포츠 선수가 평소 연습할 때부터 루틴을 만들어 집중력을 발휘하고 있다.

이는 심리학적으로도 효과가 있다고 밝혀진 것으로 공부에도 활용할 수 있다. 아이가 공부를 시작할 때 '정해진 위치에 문구류를 둔다' '책상을 깨끗이 닦는다' '부모와 구호 같은 말을 주고받는다' 등 매일 즐겁게 지속할 루틴을 함께 고민한다.

■ 할 일을 세분화하고 시간을 재자

아이가 집중할 수 있는 시간은 미취학 아동~초등학교 저학년의 경우는 '연령 + 1분' 정도이고, 초등학교 고학년~중학생의 경우도 '15분' 정도라고 한다. 아이는 장시간 집중할 수 없기에 할 일을 5~10분 내에 할 수 있는 분량으로 세분화하는 것이 요령이다. 그리고 마치 게임을 하듯 스톱워치를 이용해 "시작!"이라고

학력

외치고 시작한다.

걸린 시간과 정답률을 마치 게임처럼 스테이지를 클리어해 가는 느낌으로 하면 아이의 의욕이 올라간다. '5~10분 × 2~3세트'로 하면 달성감을 느끼기 좋아 집중력뿐 아니라 시간 감각도 익힐 수 있다(p. 284 'METHOD 68 공부 습관 들이기' 참조).

■ 휴식을 취하자

이탈리아 출신의 컨설턴트 프란체스코 시릴로Francesco Cirillo는 일과 공부, 가사 등을 25분 동안 한 다음 5분 쉬는 사이클을 최대 4번 반복하는 시간 관리법 '뽀모도로 기법Pomodoro Technique'을 제안했다. 시릴로는 이 '25분 + 5분'이 사람에게서 최상의 생산성과 효율성을 끌어낼 수 있는 최선의 조합이라고 말한다.

아이들의 경우 한 번에 25분 동안 집중하기는 어렵지만, 공부하는 중간 중간 휴식시간을 주어 뇌를 쉬게 하는 것은 학습 효율과 집중력 향상에 도움이 된다.

■ 물을 마시자

영국 이스트런던대학University of East London과 웨스트민스터대학University of Westminster의 합동 연구에 의하면 공부 전에 물 1컵을 마신 아이에게서 집중력과 기억력 향상이 보였다고 한다. 뇌의 80%는 물로 되어 있기에 뇌의 활동을 높이기 위해 수분을 보충하는 일은 중요하다고 한다.

SECTION 6

체력을 키우려면?

'영양과 운동'으로 강한 뇌와 몸을 만든다

STRENGTH

METHOD
87

균형 잡힌 영양 섭취하기

- 좋은 식사의 본질은 심플하다

영양사이자 어린이 영양 지도 전문가 마키노 나오코牧野 直子 씨는 아이들의 식사에서 가장 신경 써야 할 점은 '균형'이라고 말한다. 마키노 씨는 균형 잡힌 한 끼 식사가 되기 위해서는 주식, 주반찬, 부반찬을 갖추는 것이 기본이고 그 비율은 '주식3 : 주반찬1 : 부반찬2'의 비율이 가장 좋다고 추천한다.

주식(당질 등) 3, 주반찬(단백질 등) 1,
부반찬(비타민/미네랄/식이섬유 등) 2의 비율이 가장 좋다

'균형 잡힌 영양'을 섭취하는 방법은 무엇일까?

■ 주식, 주반찬, 부반찬 모두 꼭 챙기자

'주식'은 밥과 빵 등 당질을 중심으로 한다. 당질은 뇌와 몸을 움직이는 에너지원이 된다. 당질 제한 식이가 유행이지만, 당질이 부족하면 몸에서 당질 대신 몸을 구성하는 데 꼭 필요한 영양소인 단백질이 사용된다.

마키노 씨는 아이가 당질이 부족하면 뼈와 근육의 성장이 방해받는다고 충고한다. 그러니 끼니마다 주먹밥 2개 분량 정도의 당질을 꼭 챙겨 먹이는 것이 중요하다고 조언한다.

'주반찬'은 고기나 생선, 달걀, 콩 등 단백질이 많이 함유된 음식 재료로 만드는데 우리 몸에서 근육과 혈액 등을 만드는 재료가 된다. 특히 운동하는 아이들은 운동 후 근육의 피로 회복을 위해 단백질을 충분히 섭취해야 한다.

'부반찬'은 채소나 버섯류, 해초, 곤약 등 비타민과 미네랄, 식이섬유가 많이 함유된 반찬으로 준비한다. 부반찬의 역할은 몸의 균형 유지이다. 부반찬은 한 끼에 2가지 이상의 메뉴가 이상적이지만, 예를 들어 건더기를 많이 넣은 된장국이라면 이것 하나만 먹어도 영양은 충분하다.

주반찬에 채소를 듬뿍 넣어 만들었다면 부반찬은 따로 만들지 않아도 된다. 간은 주반찬이 세면 부반찬은 심심하게 한다. 예를 들어 주반찬의 간을 소금으로 했다면 부반찬의 간은 조금 달게 해 전체적으로 균형을 맞추어야 질리지 않고 맛있게 먹을 수 있다고 마키노 씨는 조언한다.

■ 매일 우유를 2잔 마시자

아이들의 성장기에서 빼놓을 수 없는 또 다른 영양소는 다름 아닌 칼슘이다. 섭취한 칼슘 대부분이 뼈에 축적되는 때는 성장기까지이다. 나이가 들어 골다공증이나 생활습관병에 걸리지 않으려면 이 시기에 충분히 칼슘을 섭취해두어야 한다.

이를 위해 매일 우유를 2컵 정도 마시는 편이 좋다. 대부분 초등학교 점심 급식에 나오는 우유는 1컵 분량이니, 급식이 있는 날은 가정에서도 아침 식사 때나 방과 후 간식 시간 때 나머지 우유 1컵을 꼭 챙겨 먹이도록 한다.

하지만 이것만으로는 여전히 칼슘이 부족하니 다른 음식으로도 칼슘을 보충할 필요가 있다. 우유 외에 요구르트나 치즈 등의 유제품에도 많은 칼슘이 들어 있고 녹색 채소류(소송채), 해조류(톳), 콩 식품(두부/낫토), 껍질이나 뼈채 먹을 수 있는 작은 생선이나 새우 등을 통해서도 섭취할 수 있다.

요즘은 성인도 칼슘이 부족하다고 한다. 마키노 씨는 "급식이 없는 주말이나 긴 연휴 때는 더욱더 신경 써서 아이의 칼슘 섭취를 챙겨야 하는데, 이때 가족이 함께 적극적으로 유제품 등을 먹도록 챙겨야 한다"라고 말한다.

■ 1인분씩 따로 담아주자

소아 비만이 점점 더 늘고 있다. 이럴 때 마키노 씨는 반찬도 밥이나 국처럼 1인분씩 따로 담아주면 아이의 편식이나 과식을 막을 수 있다고 조언한다.

가정에서도 아이에게 식당에서 파는 어린이 세트처럼 밥과 반찬을 어린이 식판 등에 담아주면 다양한 반찬이 한 접시에 담겨 식사가 컬러풀해진다.

여기에 빨강과 오렌지, 노랑 등과 같은 따뜻한 색의 그릇을 사용하면 식욕을 돋우는 데도 도움이 된다고 한다.

■ 저녁 식사가 늦어질 때는 두 번에 나누어 먹이자

최근에는 부모의 귀가 시간이나 아이의 학원 끝나는 시간이 늦어져 저녁 식사도 덩달아 늦어지는 가정이 많다. 마키노 씨는 그럴 때 아이는 두 번에 나누어 식사하도록 챙겨주면 좋다고 조언한다.

첫 번째 저녁 식사는 빵이나 주먹밥 등 주식 위주로 먼저 먹인다. 고기만두나 주먹밥의 재료가 되는 돼지고기나 연어, 명란젓 등에 들어 있는 비타민B1은 주식인 당질과 함께 섭취하면 뇌의 활동이 촉진된다.

두 번째 저녁 식사는 평소 식사 때보다 주반찬과 부반찬을 10~20% 적게 먹인다. 튀김 등 소화에 시간이 걸리는 메뉴는 피하는 편이 좋다. 수면의 질이 떨어져 다음 날 아침 식욕이 없어

체력

지거나 속이 부대껴 아침밥을 못 먹게 될 수 있기 때문이다.

■ '잘 안 먹는 아이'와 '많이 먹는 아이'는 각각 다르게 먹이자

입이 짧은 아이에게는 튀김 등 고칼로리 음식을 주면 소량만 먹어도 충분한 열량을 섭취할 수 있다. 반대로 많이 먹는 아이에게는 급하게 먹지 않도록 많이 씹어야 하는 음식을 주어 꼭꼭 씹어 천천히 먹게 한다.

마키노 씨는 많이 씹어야 하는 음식으로, 파스타의 경우 펜네처럼 숏 파스타가 롱 파스타보다 씹는 데 시간이 더 걸린다고 말한다. 채소도 조금 딱딱하게 덜 데치거나 섬유질 방향으로 잘라 요리하면 오래 씹게 되는데, 예를 들어 양배추를 채썰 때 섬유질 반대 방향으로 자르면 식감이 부드러워져 먹기가 좋지만, 섬유질 방향으로 자르면 조금 딱딱해도 씹는 맛이 있다고 조언한다.

METHOD
88

간식 챙기기

- 당질보다 지질에 신경 쓴다

아이들은 활동량이 많으므로 자연스럽게 간식을 찾게 된다. 영양사 마키노 씨는 아이에게 간식을 먹일 때는 먹는 시간과 양을 정해야 한다고 조언한다. 그렇게 하지 않으면 무절제하게 먹다 저녁밥을 못 먹게 될 수 있기 때문이다.

간식은 점심 식사와 저녁 식사 사이에 한 번 먹을 양을 접시에 담아준다. 하루에 필요한 열량의 10% 정도면 충분한데, 초등학생이라면 약 200kcal가 적당하다. 이는 판 초콜릿 1/2개, 단팥빵 1개, 감자칩 작은 봉지 1개 정도이다.

간식을 고를 때 포인트는 당질보다 지질을 확인하는 것이다. 지질이 많으면 소화에 많은 에너지가 소모되어 먹은 후 나른해지거나 졸릴 수 있다.

판 초콜릿 1/2개　　단팥빵 1개　　감자칩 작은 봉지 1개

간식은 하루에 200kcal가 적당하다

체력

■ '좋은 간식'을 고르는 방법은 무엇일까?

안심하고 줄 수 있는 대표적인 간식은 화과자이다. 마키노 씨는 "도라야키(촉촉하고 얇은 빵 사이에 달콤한 팥소가 들어 있는 화과자)나 간장 시럽을 얹은 경단 등은 지질이 적고 팥에는 평소 부족해지기 쉬운 식이섬유도 들어 있다. 이밖에 지질이 적은 간식으로는 주먹밥, 찐빵, 단팥빵, 잼빵, 건포도빵 등이 있고 바나나, 젤리, 요구르트도 좋다"라고 말한다.

지질이 많은 간식으로는 케이크, 핫도그, 컵라면, 튀김, 햄버거, 감자튀김, 카레빵, 아이스크림 등이 있다. 대부분 아이가 좋아하는 것들이지만, 칼로리가 높아 매일 먹는 것은 좋지 않다. 스낵에 들어 있는 트랜스지방산은 나쁜 콜레스테롤(LDL콜레스테롤)을 증가시켜 노화와 생활습관병 등의 원인이 될 수 있다.

■ 단 음료는 많이 마시지 않게 하자

초등학생의 경우 하루에 1리터 정도의 수분이 필요하다. 충분한 수분 보충을 위해서는 물을 마시는 것이 가장 좋은데, 목이 마를 때 우유 1컵을 마시면 칼슘도 보충할 수 있다.

아이들이 좋아하는 청량음료는 간식으로 1컵 정도는 괜찮지만, 목이 마를 때마다 청량음료를 마시면 하루에 섭취하는 칼로리가 초과된다. 500ml 청량음료에는 설탕 등의 당질이 50g 가까이나 되는 것도 있다.

당질은 아이의 성장에 꼭 필요한 중요한 영양소지만, 매일 수 시로 청량음료를 마시다 보면 어느새 음료만으로 설탕을 과잉섭취하게 되니 주의해야 한다.

■ 운동 후에는 에너지를 보충하자

마키노 씨는 체육 교실에 다니는 아이라면 운동가기 전에 당질 중에서도 주먹밥이나 찐빵 등 천천히 소화, 흡수되는 전분질이 많은 것을 먹으면 긴 시간 동안 쓸 에너지가 되어 몸의 움직임이 좋아진다고 조언한다.

또한 운동 후에는 빠른 피로 회복과 근육 손상을 보충해주기 위해 바로 과즙 100% 오렌지주스, 비타민C와 구연산이 든 스포츠 음료 등을 마시거나 작은 주먹밥이나 우유, 바나나 등을 먹으면 좋고 그런 다음 저녁 식사 때 단백질을 충분히 먹어주는 것이 중요하다고 강조한다.

METHOD 89

아침밥 먹이기

- 심플한 패턴을 만든다

사람은 잘 때도 에너지를 조금씩 소비하기 때문에 아침에 일어날 때는 에너지가 부족한 상태가 된다. 자는 동안은 체온도 떨어지므로 몸은 에너지 절약모드가 된다. 그래서 아침밥으로 체온을 올려 온몸에 에너지를 채워줘야 뇌와 몸 모두 활동적으로 움직일 수 있게 된다.

뇌를 쓰려면 에너지원으로 포도당이 필요하다. 아침밥으로 포도당을 보충해 혈당치를 올려 뇌에 에너지를 공급해야 뇌를 확실하게 깨운다. 그리고 음식을 씹으면 '행복 호르몬'인 세로토닌이 분비된다. 세로토닌은 정신을 안정시키는 신경전달물질로 부족해지면 우울해지거나 잠을 설치기도 한다. 세로토닌은 깨어 있을 때만 생성되는데, 아침밥을 꼭꼭 씹어 먹으면 뇌에서 '행복 호르몬' 분비 역시 활발해진다.

'아침밥'을 잘 챙겨 먹이려면 어떻게 해야 할까?

■ 여유 있게 깨우자

'초등학생 6명 중 1명은 아침밥을 먹지 않는다'는 안타까운 연구가 있다. 아이는 아직 소화관이 충분히 발달하지 않아 한 번에 많이 먹을 수 없기 때문에 세 끼를 꼭 챙겨 먹여 중요 영양분을 섭취해야 한다. 에너지가 부족한 상태로는 수업에 집중하지 못하고 머리가 멍하거나 몸이 뜻대로 움직이지 않아 다치기 쉬우니 아침밥을 반드시 먹을 수 있도록 여유 있게 깨운다.

■ 아침밥 준비 패턴을 정하자

아침밥도 '주식 : 주반찬 : 부반찬 = 3 : 1 : 2'로 섭취하는 것이 기본이다. 그런데 영양사 마키노 씨는 바쁜 아침에 비율에 맞추어 식사를 준비하는 게 쉽지 않으니, 아침에는 준비 패턴을 정해두면 편하다며 다음과 같은 패턴을 추천한다.

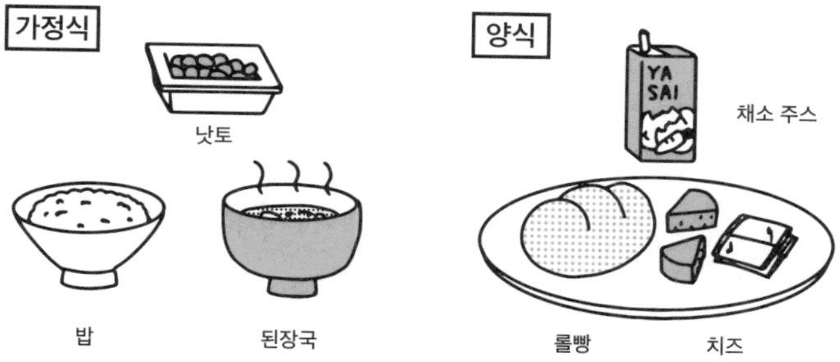

손쉽게 만들 수 있게 아침밥의 패턴을 정해둔다

"밥이 주식이면 주반찬은 달걀과 낫토, 부반찬은 전날 남은 된장국으로 해주세요. 빵이 주식일 때는 롤빵처럼 굽지 않고 먹을 수 있는 빵을 고르고, 치즈나 삶은 달걀 등을 주반찬으로 하면 간단하게 영양 밸런스를 맞출 수 있어요. 부반찬은 방울토마토나 데친 브로콜리를 항상 준비해두면 편리한데, 이마저도 시간이 없을 때는 채소 주스로 보충해도 좋아요."

METHOD 90

외식 즐기기

- 아이와 함께 해방감을 느끼는 귀중한 시간이다

아이들은 외식을 매우 좋아한다. 부모들에게도 식사를 준비하고 치우는 과정에서 해방되는 데다 기분 전환까지 할 수 있는 귀중한 시간이다.

하지만 평일은 부모의 귀가가 늦거나 학원 때문에 아이들끼리도 식사 시간이 다른 경우가 있으니, 주말에라도 가족이 함께 TV가 없는 곳에서 다정하게 대화를 나누면서 여유롭고 즐겁게 식사를 즐겨보자.

'외식'은 어떻게 하면 좋을까?

■ 평소 먹어보지 않은 음식에 도전해보자

'아이를 데리고 편히 먹을 수 있는 곳' 하면 패밀리 레스토랑을 떠올리는 사람이 많은데, 이왕이면 집에서는 만들어 먹기 어려운 음식을 먹으러 가보자. 아이들의 미각을 키우는 데 도움이 된다.

세계화로 우리 아이들은 미래에 국제 무대에서 일하게 될 가능성이 커졌다. 다양한 음식 문화에 익숙하도록 해주는 것도 부모의 역할 중 하나가 되어 가고 있는 것이다.

같은 카레라도 집에서 먹는 카레라이스가 아니라 난과 함께 먹는 '인도 카레', 태국의 대표적인 포장마차 음식인 '팟카프라오(고기나 해산물에 홀리바질을 첨가하여 볶아낸 음식)', 베트남의 국민 음식인 '쌀국수' 등을 맵지 않게 조리해달라고 하면 아이들도 먹을 수 있는 다른 나라 음식이 많다.

■ 1주일에 1번 정도는 패스트푸드도 OK!

장난감 세트의 유혹에 이끌려 아이들이 계속 가고 싶어 하는 곳이 바로 패스트푸드점이다. 최근 패스트푸드 체인점들은 품질과 안전성이 매우 엄격하게 관리되고 있어 지나치게 예민하거나 걱정할 필요는 없다. 그래도 아이와 패스트푸드를 먹을 때는 자주 먹으면 건강에 좋지 않다는 사실을 상기시켜주자.

단 고지질, 고칼로리 메뉴가 많으니 패스트푸드를 먹은 날은 기름진 것은 피하고 채소를 많이 먹이는 등 하루 세 끼의 전체적인 영양 밸런스를 맞추는 것이 중요하다. 이는 라멘이나 소고기 덮밥 등을 즐겨 먹는 어른들에게도 해당된다.

■ 식사할 때 스마트폰과 게임기는 가방에 넣어두자

온 가족이 함께 하는 외식은 아이들과 대화를 나눌 수 있는 귀중한 시간이다. 이런 소중한 시간에 각자 스마트폰을 보거나 게임을 하기에는 그 순간이 너무 아깝다.

식사 때 대화를 많이 하면 아이들의 커뮤니케이션 능력이 향상된다고 한다. 그리고 가족과 나누는 편안한 대화는 자존감도 키워준다. 대화하면서 식사를 하면 음식을 천천히 먹게 되어 비만이 되는 일도 방지할 수 있다. 이렇듯 식사를 통해 형성되는 가족의 단란함에는 많은 장점이 있다.

체력

METHOD 91

편식 없애기

- 싫어하는 음식이 있는 것은 자연스러운 일이다

미각 연구 분야의 세계적인 권위자이자 이학 박사 자크 퓌제Jacques Puisais는 "단 한 사람도 같은 맛에 같은 반응을 보이지 않는다"라고 말했다. 만 4~7세(어떤 경우에는 만 9세)까지 아이들은 새로운 음식을 위험한 것으로 인식한다. 특히 쓴맛이나 신맛은 '상한 음식'이라고 생각해 본능적으로 받아들이려 하지 않는다.

예를 들어 초등학생이 싫어하는 음식 상위권을 차지하는 여주, 셀러리, 피망 등은 어른들에게는 향과 식감을 즐길 수 있는 음식 재료이지만 많은 아이에게는 위험한 이물질 수준으로 받아들여진다.

즉 편식은 타고난 본능적인 반응이며 어릴수록 민감하고 개인차가 큰 것은 자연스러운 일이다.

'편식'을 없애려면 어떻게 해야 좋을까?

■ 강요도, 포기도 하지 말자

편식과 같은 본능적인 반응은 억지로 고치려고 하지 않는 것이 좋다. 보기만 해도 싫어하는 눈치라면 억지로 먹으라고 할 필요가 없다. 특히 쓴맛에 대한 미각은 꽤 늦게 발달하기 때문에 아이가 쓴 음식을 싫어하는 것은 자연스러운 반응이다.

단 그렇다고 해서 먹이는 것을 포기하지는 말고 2~3일 간격을 두고 맛과 조리법을 조금씩 바꿔 한 번 더 시도한다. 아이의 미각을 발달시키는 데는 새로운 음식에 친숙해지는 것이 중요하기 때문이다. 그렇다고 매번 억지로 먹이려 하지 말자. 먹지 않더라도 크게 신경 쓰지 말고 담담하게 반복한다.

생리학적으로 미각이 변하기 시작하는 만 10세 무렵이 되면 후추나 소금, 채소도 좋아하기 시작한다. 쓴맛이 강한 채소는 조금 달게 간을 해서 미각의 폭을 조금씩 넓혀준다.

■ 맛으로 자극해 뇌가 발달하게 하자

음식의 맛은 혀 표면에 있는 '미뢰'라는 기관이 감지해 신경세포를 통해 뇌로 전달된다. 미뢰는 만 8세부터 빠르게 늘어 만 12세 이후로 줄어든다. 미뢰가 맛을 감지할 때마다 뇌로 전달되는 신호가 뇌를 자극해 발달시킨다.

뇌의 발달은 소뇌가 만 8세 무렵, 대뇌는 만 12세 무렵에 완성되는 것으로 알려져 있다. 다양한 맛을 경험해 뇌가 자극을 받으면 시각, 청각, 촉각, 후각, 미각 등 오감이 예민해진다. 음식을 먹는 행위는 생존에만 필요한 것이 아니라 뇌 발달에도 도움이 되는 것이다.

또한 자크 퓌제는 "자극 부족으로 매력 없는 음식은 말을 잠들게 해 언어를 쇠퇴시킨다"고도 말했다. 만 12세까지 기본적인 맛을 제대로 경험하지 못한 아이는 성장하면서 문제 행동을 일으킬 수 있다는 연구 결과도 있다.

미뢰가 감지하는 맛은 음식 재료 자체가 가진 자연의 맛이다. 자연의 맛에서 기본적인 단맛, 짠맛, 신맛, 쓴맛, 감칠맛 등 5가지 맛을 구분할 때마다 미뢰의 수가 늘어 미각이 단련된다.

■ 어른이 맛있게 먹는 모습을 보여주자

싫어하는 특정 음식을 먹지 않더라도 영양 측면에서만 보면 다른 음식으로 대체할 수 있기 때문에 좋아하는 음식만으로 배를 채워도 아이는 충분히 성장한다. 하지만 미각은 뇌 발달에도 영향을 주기 때문에 어릴 때부터 아이들이 다양한 맛을 경험하는 일은 중요하다.

어른이 가능한 한 다양한 음식 재료에 도전해 맛있게 먹는 모습을 보여 주면 아이들도 새로운 음식에 흥미를 갖고 도전해보려는 의욕이 생겨난다. 가정에서는 부모 자신이 좋아하지 않는 메뉴는 식탁에 잘 올리지 않는 경향이 있는데, 아이들에게 다양한 맛을 접해 뇌가 성장할 기회를 주기 위해 어른들도 다양한 맛에 도전해보자.

■ 편식을 극복하기 위한 마키노 나오코 씨의 조언

- 다져서 햄버그스테이크나 카레 등에 넣는다
- 아이가 좋아하는 캐릭터 인형을 이용해 응원한다
- 삶아서 쓴맛을 줄인다
- 쓴맛과 신맛이 있는 음식에는 단맛이나 짠맛을 더한다

(예를 들어 시금치에는 참깨 드레싱 소스를, 마멀레이드에는 꿀을, 삶은 달걀에는 소금 등을 첨가한다.)

이 외에도 부모님은 자신의 아이에게 맞는 편식 극복 아이디어를 꾸준히 생각해 요리나 식사에 적용해보자.

METHOD 92

함께 요리하기

- 요리는 오감이 자라는 자극적인 체험이다

부모 세대가 어렸을 때와 비교하면 요즘은 부모와 자녀 사이에 대화가 줄었다고 느끼는 부모가 늘고 있다. 일본의 제과업체 '에자키 글리코'에서 시행한 조사에서도 일과 집안일 때문에 바쁜 데다 아이와 마주 앉아 대화하기보다는 스마트폰을 보는 시간이 더 길다는 부모가 많아졌다고 한다.

이때 아이와 함께 요리하면 대화를 많이 할 수 있어 좋다. 도쿄가스도시생활연구소 조사에 따르면 가족이 함께 요리하는 빈도가 높을수록 사이가 좋아 행복도가 높은 경향이 있었다.

아이와 '요리'할 때는 어떻게 해야 할까?

■ 부엌에서 오감을 키우자

요리를 하면 맛을 보면서 '미각'이, 재료를 만지면서 '촉각'이, 조리 중 변화를 보면서 '시각'이, 채소를 자르거나 보글보글 끓이고 지글지글 구우면서 '청각'이, 음식 재료와 조리하면서 나는 냄새를 통해 '후각'이 발달한다. 재료를 씻거나 냄비를 젓고 맛을 보는 등 간단한 것만 거들어도 오감이 충분히 자극된다.

■ 요리의 기본을 가르치자

요리의 기본은 살아가는 데 꼭 필요한 힘이다. 굽고, 찌고, 끓이고 볶는 요리의 기본을 익혀 두면 세상 어디를 가더라도 살아남을 수 있다.

아이들이 살아갈 미래에는 인구가 줄어 시장이 축소될 것이다. 그렇게 되면 이 땅을 떠나 해외에서 공부하거나 직장을 구하는 사람이 더욱더 늘어날 수도 있다.

이렇게 됐을 때 평소 먹던 음식을 쉽게 만들 수 있게 익혀두면 아이들의 미래에 큰 힘이 될 것이다. 먼저 요리의 4가지 기본 중에서 소금과 후추로만 간을 해도 맛있는 요리부터 함께 만들어 보자.

■ 숫자 감각을 키워주자

교육 현장에서는 "요즘 아이들은 아는 건 많은데 지식의 감각은 떨어진다"는 말이 나오고 있다. 예를 들어 '100g이 어느 정도의 무게인지' '15ml면 어느 정도의 양인지' '큰 페트병에는 물이 어느 정도 들어가는지' 등에 대한 감각이 없는 아이가 많다.

요리하며 반복해서 재료를 계량하면 부피나 무게를 감으로 알 수 있게 된다. 이런 감각이 생기면 수학 등 이과 공부를 하다 갑자기 지나치게 크거나 작은 숫자가 나오면 '어? 이건 이상한데. 중간에 계산이 틀렸나?' 하고 직감적으로 느끼게 된다.

■ 아이에게 맡겨 달성감을 느끼게 해주자

요리는 아이들이 달성감을 느끼기에 좋은 활동이다. 달성감을 느끼면 아이는 의욕적으로 변한다. 아이의 속도대로 요리하면 시간도 걸리고 번거롭지만, 부모는 과정에서든 결과에서든 최대한 도와주지 말고 가능한 한 참견하지 않는다. "카레에 초콜릿을 넣어 볼래?" "우유를 두유로 바꿔 볼까?"라는 식으로 시행 착오할 기회를 만들어주면 창의력과 자신감이 생긴다.

■ 레시피를 함께 보자

'채소를 자른다' '튀김옷을 입힌다' '동그랗게 굴린다'와 같은 부분적인 작업을 아이에게 시킬 때도 전체 레시피는 같이 본다. 그리고 이 작업이 전체 과정 중에서 어떤 역할을 하는지 함께 생각한다. 왜 채소를 채 써는지, 왜 튀김옷을 입히는 순서가 정해져 있는지 등 '왜?'를 함께 생각하는 과정이 아이들의 능력을 키워준다.

요리는 객관적으로 자신의 사고와 행동을 판단하는 '메타인지 능력'을 키워준다. 이는 '나는 무엇이 부족하지?' '어떻게 해야 할까?'를 생각하는 문제 해결 능력을 키우는 것이다.

메타인지 능력은 유아기 후반부터 서서히 발달하기 시작해 초등학교 3학년 무렵부터 제대로 발휘하게 되며 학력과 미래의 업무 능력과도 직결된다고 한다.

METHOD
93

도시락 싸주기

- 애정은 듬뿍 담고 수고는 줄인다

아이들은 점심시간에 도시락을 만들어준 가족 이야기를 하는 경우가 많다고 한다. 도시락은 함께 식사하지 않을 때 가족을 이어주는 끈과 같다. 아이들은 도시락을 먹으면서 이를 느낀다. 그러나 바쁜 아침에 도시락을 싸는 일은 부담이 된다. 애정은 듬뿍 담으면서도 가능한 한 부담 없이 만들려면 도시락의 패턴을 정해두는 것이 좋다.

'도시락'을 잘 싸는 방법은 무엇일까?

■ 적당한 양을 균형 있게 채우자

영양사인 마키노 씨는 도시락의 비율은 표면적을 주식 : 주반찬 : 부반찬 = 2 : 1 : 1로 하는 것이 기본이라고 조언한다. 도시락통은 유아는 300~40ml, 초등학생은 500~600ml, 고등학생은 600~700ml를 추천한다. 도시락통 크기가 1ml 커지면 열량도 약 1kcal 늘어난다. 즉 도시락의 크기(ml)는 한 끼에 필요한 열량(kcal)과 거의 같다. 주식은 빵도 좋지만 밥이 빵보다 지질과 염분이 적어 건강에 더 좋으니 밥을 싸주도록 하자.

■ 오색 도시락으로 싸주자

색은 아이들의 식욕을 자극한다. 오색이라고 크게 부담을 가질 것은 없다. 달걀말이나 삶은 고구마(노랑), 브로콜리나 완두콩(녹색), 방울토마토나 매실 장아찌(빨강) 등 3가지 색에 고기(갈색)와 밥(흰색)을 담으면 오색 도시락이 완성된다.

■ 조리법과 맛의 조합으로 균형을 맞추자

매일 거기서 거기인 도시락에서 벗어나고 싶다면 '조리법과 맛의 조합'으로 변화를 주면 된다. 마키노 씨는 조리법과 양념을 다양하게 조합하면 열량과 염분의 균형을 맞추기 쉽다며 다음과 같은 조합을 추천한다.

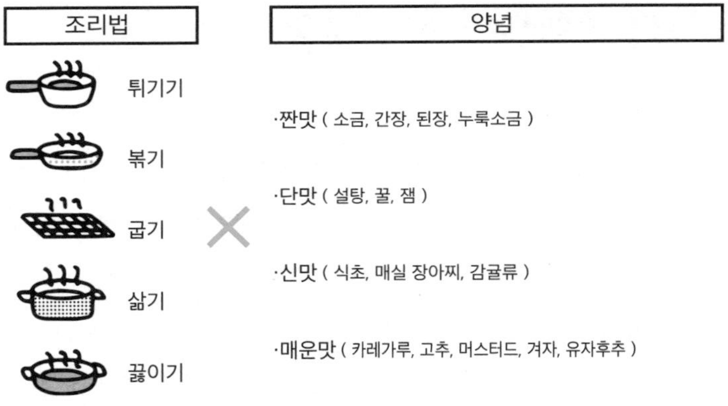

조리법과 양념의 조합을 바꾸면 새로운
맛과 식감을 즐길 수 있다

■ 냉동식품을 활용하자

냉동식품도 편리하게 활용할 수 있다. 도시락을 쌀 때 모든 반찬을 직접 만들지 않아도 된다. 중요한 점은 주식과 주반찬, 부반찬의 균형이다. 반찬 수가 부족하거나 만들 시간이 없을 때는 냉동식품을 활용해 균형을 맞춘다. 냉동식품은 항상 같은 제품만 사지 말고 다양한 제품을 고르도록 한다.

마키노 씨는 냉동식품은 일단 해동하면 서리가 생겨 맛이 떨어지기 때문에 개봉했다면 유통기한과 상관없이 가능한 한 빨리 다 쓰는 것이 좋고, 다 쓰지 못할 때는 바로 냉동실에 넣는 게 좋다고 한다. 또한 브로콜리나 녹색 채소류는 데쳐서 냉동하는 것보다 냉동식품이 더 맛있다는 팁도 주었다.

■ 넉넉히 만들어 냉동해두자

마키노 씨는 반찬으로 돼지고기 생강구이나 생선구이, 햄버그스테이크 등을 만들 때는 넉넉히 만들어 도시락용으로 냉동해두면 편리하다고 조언한다. 완전히 익혀서 냉동해두었다가 필요할 때마다 데워서 사용한다. 냉동된 것을 바로 가열해도 되고 전날 밤에 냉장고에서 천천히 해동하면 아침에 데우기 편하다.

■ 국물류는 보온 용기에 담아주자

카레나 스튜, 마파두부, 맑은 돼지고기 된장국 등 국물류는 아침에 따뜻하게 데워 보온 용기에 넣어 주면 점심시간에 먹기 딱 좋은 온도가 된다. 단 한 번 열면 온도가 내려가 균이 번식하기 쉬우니 열면 바로 다 먹어야 한다고 아이에게 일러두라고 마키노 씨는 언급한다.

■ 물기 있는 음식은 다른 용기에 담아주자

마키노 씨에 의하면 도시락이 상하는 원인은 '고온'과 '수분'이라고 한다. 특히 덮밥이나 볶음밥, 채소밥이나 비빔밥 등은 재료에 수분이 많아 도시락이 쉽게 상한다.

덮밥으로 먹이고 싶을 때는 물기가 있는 토핑은 따로 담아주고 먹을 때 밥에 얹어 먹게 한다. 도시락에 많이 넣는 방울토마토나 브로콜리도 키친타월로 수분을 닦아 넣는다. 달걀은 반숙은 상할 수 있으니 완숙으로 조리해 넣는다.

■ 냉동 디저트를 보냉제처럼 쓰자

보냉은 여름에만 필요한 것이 아니다. 밖이 추운 계절에도 실내는 따뜻하므로 균이 번식하기 쉽다. 마키노 씨는 디저트용 젤리나 과일을 다른 용기에 넣어 얼려두면 보냉재 대용으로 쓸 수 있다고 조언한다. 냉동하기 좋은 과일은 자몽과 같은 감귤류(껍질은 벗긴다), 껍질째 먹을 수 있는 포도, 과일 통조림 등이다.

METHOD 94

제철 재료 활용하기

- 자연의 사이클에 맞춘 식사를 한다

채소나 과일은 제철이 가장 맛있고 영양가도 높다. 요즘은 계절과 상관없이 1년 내내 파는 것들도 있지만 대부분은 하우스 재배나 수입산이다. 여름에는 몸을 식혀주는 오이나 가지, 추운 겨울에는 전골에 많이 넣어 먹는 무나 배추, 감기 예방에 좋은 비타민C가 많이 함유된 귤 등 제철 재료는 계절에 맞추어 우리의 몸을 건강하게 해준다.

특히 우리 음식은 전통적으로 제철 재료를 맛있게 먹을 수 있도록 고안됐고, 지역 축제 등 특별한 날 행사 음식에도 제철 재료가 많이 사용되고 있다. 아이들이 제철 재료을 알고 먹으면 영양면에서도 좋지만 오감으로 사계절을 느끼고 우리나라의 전통도 알 수 있는 교육적인 방법이 된다.

'제철 재료'를 활용하는 방법에는 무엇이 있을까?

■ 아이에게 제철 재료을 가르쳐주자

제철 재료는 가장 쾌적한 시기에 재배된 것이기 때문에 건강하고 수확량이 많다. 그래서 영양가도 높고 저렴하게 구할 수 있다는 장점이 있다. 예를 들어 노지의 시금치는 제철인 겨울에 딴 것이 여름에 딴 것보다 비타민C가 3배나 많고, 토마토도 제철인 여름에 수확된 것이 다른 계절에 수확된 것보다 베타카로틴이 2배나 많다. 꽁치나 정어리도 가을에 기름이 올라 맛있을 뿐 아니라 뇌의 활성화와 생활습관병 예방에 도움이 되는 DHA와 EPA가 봄이나 여름에 잡힌 것보다 2~3배 많다.

우리 몸은 계절에 맞추어 더울 때는 몸을 식히는 것을, 추울 때는 몸을 따뜻하게 해주는 것을 원하는데 제철 재료는 이런 우리의 몸이 원하는 것과 잘 맞아 더 맛있다고 느껴진다. 평소 제철 재료에 관심을 두고 자주 식탁에 올려 아이에게 제철 재료에 관해 가르쳐주자.

사계절 제철 재료의 예

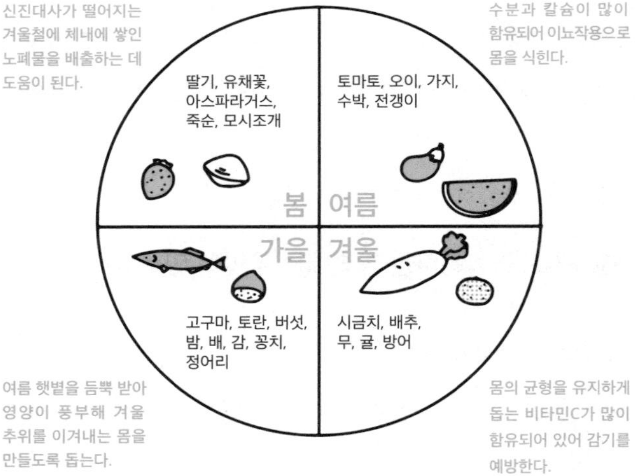

METHOD 95

파는 반찬 활용하기

- 염분과 기름에 주의하며 현명하게 활용한다

최근 전체 가구의 60%를 넘어선 맞벌이 가정에서는 매일 거르지 않고 식사를 준비하는 일이 쉽지 않을 것이다. 그래서 요즘 커지고 있는 시장이 바로 '포장 음식'으로, 반찬이나 편의점 도시락 등 이미 만들어져 있는 음식을 사다 집에서 먹는 경우가 늘고 있다.

『2018년판 반찬백서(일반사단법인 일본반찬협회 편찬)』에 의하면 2017년 반찬 시장 규모는 10조 엔(약 105조 원)을 넘어 40여 년 전 조사 때보다 10배 이상 증가했다.

음식을 사다 먹으면 미리 준비하거나 먹고 나서 치울 필요가 없어 그만큼 아이들과 여유롭게 시간을 보낼 수 있다. 그리고 평소 집에서 만들지 않는 메뉴를 선택하면 아이들이 새로운 맛을 알게 되는 좋은 기회가 되기도 한다.

'파는 반찬'을 제대로 활용하는 방법은 무엇일까?

■ 양념은 싱겁게 하자

영양사인 마키노 씨는 사람의 체내 염분 농도는 0.8~0.9% 정도인데, 이 정도 농도의 염분을 섭취하는 것이 몸에 가장 좋고 맛있게 느껴진다고 말한다. 그런데 파는 반찬 중에는 식어도 맛있게 느껴지도록 하기 위해 이보다 간을 세게 하는 경우가 많아 염분의 과다 섭취가 우려되니 주의해야 한다고 당부한다.

세계보건기구WHO는 초등학생까지는 어른보다 낮은 농도의 염분을 섭취할 것을 권장하고 있어, 파는 반찬이 아이들에게는 간이 과할 수 있다고 마키노 씨는 충고한다. 인간의 미각은 강한 맛에 익숙해지면 더 강한 맛을 찾게 되어 있다. 그러니 아이들에게는 소스나 드레싱을 절반만 뿌려주고 집에 있는 채소 등을 더해 버무리는 등 싱겁게 해서 주는 것이 좋다.

■ 기름에 신경 쓰자

파는 반찬은 아무래도 기름기가 많은 메뉴가 겹칠 수 있다. 예를 들어 튀김에는 샐러드를 곁들이는 경우가 많은데, 파는 샐러드에는 드레싱이 듬뿍 뿌려진 것이 많다. 마키노 씨는 드레싱에 기름이 많이 들어 있으니 튀김으로 기름을 많이 섭취하게 된다면 나물이나 초무침을 곁들여 기름이 너무 많아지지 않도록 주의하라고 조언한다. 기름이 많으면 칼로리가 높아질 뿐 아니라 소화에도 시간이 걸려 피로가 잘 풀리지 않기 때문이다.

또한 마키노 씨는 아이의 간단한 식사나 도시락을 살 때는 튀김보다는 연어나 명란젓, 다진 닭고기 볶음 등 단백질 반찬이 들어간 주먹밥 2개와 채소 반찬 1개를 사면 영양 밸런스가 잘 맞는

다며 아이가 혼자 도시락이나 반찬을 살 때도 이렇게 사도록 일러두라고 당부한다.

■ 첨가물에 너무 예민해하지 말자

아이에게 음식을 사다 먹일 때 아무래도 신경 쓰이는 것은 첨가물이다. 일본은 안전기준이 엄격하고 특히 대형 편의점이나 슈퍼, 백화점에서는 엄격한 품질 관리를 통해 식품의 안전성에 힘쓰고 있지만 식품 첨가물 표시를 확인하는 습관을 들여 가능한 한 첨가물이 적게 들어간 것을 고른다.

마키노 씨 역시 식품 첨가물의 안정성은 양으로 결정되니 매일 비슷비슷한 편의점 음식이나 반찬만 계속 먹이지 않는다면 지나치게 걱정할 필요는 없다고 말한다.

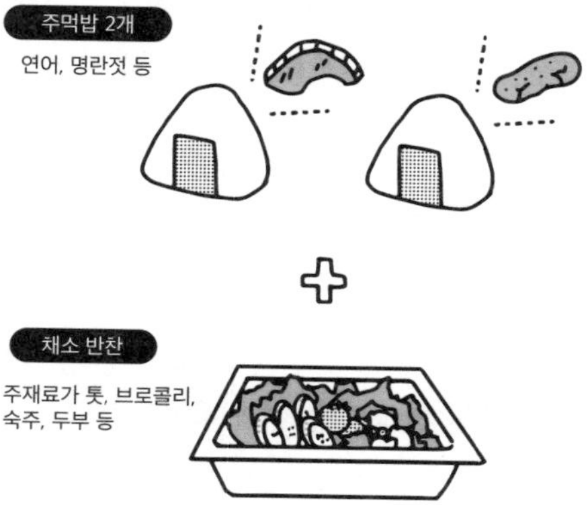

가벼운 한 끼 식사 등에 파는 반찬을 이용할 때는
단백질이 든 주먹밥과 채소의 조합이 좋다

체력

METHOD 96

면역력 키우기

- 병에 잘 걸리지 않는 몸을 만든다

요즘은 소독 살균이 잘 되기에 예전보다 위생 상태가 좋아졌다. 부모들의 위생 관념도 예전과 비교하면 크게 향상되어 아이들이 청결한 환경에서 안심하고 생활할 수 있게 됐다.

하지만 아이들이 잡균을 접할 기회가 줄어든 게 '면역력'이 약해지는 원인의 하나가 되고 있다. PC나 인터넷 환경이 좋아지면서 운동과 수면이 부족해지고 스트레스를 받는 아이도 늘고 있는데, 이런 문제들도 아이들의 면역력을 떨어뜨리고 있다.

면역력을 높이면 감기 등과 같은 감염증에 잘 걸리지 않을 뿐 아니라 혈행도 좋아져 뇌와 몸의 기능이 활발해진다.

'면역력'을 키우려면 어떻게 해야 할까?

■ 단백질 섭취로 근육을 만들자

백혈구에는 면역을 담당하는 세포가 모여 있다. 체온이 오르면 혈행이 좋아져 백혈구 역시 몸속을 돌면서 면역력이 좋아진다. 체온을 올리기 위해서는 몸속에서 열을 만들 필요가 있다. 근육은 항상 에너지를 대사해 열을 만든다.

그래서 단백질을 충분히 섭취해 근육을 만드는 것이 중요하다. 단백질은 면역세포의 원료이기도 하다. 그러니 아이에게 고기와 생선, 우유와 콩 등을 편식하지 말고 먹게 하자.

■ 반찬은 골고루 먹이자

몸속 면역세포의 60~70%는 장에 있기에 발효식품과 식이섬유, 올리고당은 면역기능을 높여준다. 발효식품으로는 낫토, 된장, 치즈, 요구르트 등이 있다. 그리고 장내 환경을 정돈해 면역세포를 활성화해야 한다. 면역세포를 활성화하려면 단백질이 필요하다. 비타민류도 세포의 면역기능에 도움이 되고 아연 등과 같은 미네랄류도 면역세포를 보호하는 데 필요하다.

이렇게 면역력에는 좋은 영양소들이 필요한데 매 식사 때마다 복잡한 영양 계산을 하지 않더라도 352쪽에서처럼 '주식 : 주반찬 : 부반찬 = 3 : 1 : 2'의 비율로 반찬을 골고루 먹거나 제철 재료를 챙겨 먹으면 자연스럽게 균형이 잡힌다.

■ 밖에서 놀게 하자

자외선을 쬐면 체내에서 합성되는 비타민이 바로 '비타민D'이다. 비타민D는 암과 자가면역질환, 감염증 예방 효과가 있다. 도쿄 지케이카이대학The Jikei University 의과대학 우라시마 미쓰요시浦島充佳 교수팀의 연구에 의하면 독감이 유행하기 전에 비타민D를 더 많이 섭취했더니 감염률이 절반으로 줄었다고 한다. 비타민D

는 고등어와 같은 어류나 표고버섯 등과 같은 버섯류에 들어 있는데 음식 섭취만으로는 부족하다.

자외선은 무조건 나쁜 것이라는 인식이 있는데, 자외선이 강한 시간대를 피해 하루 30분 정도 밖에서 놀거나 산책만 해도 비타민D가 많이 합성되어 면역력을 높일 수 있다.

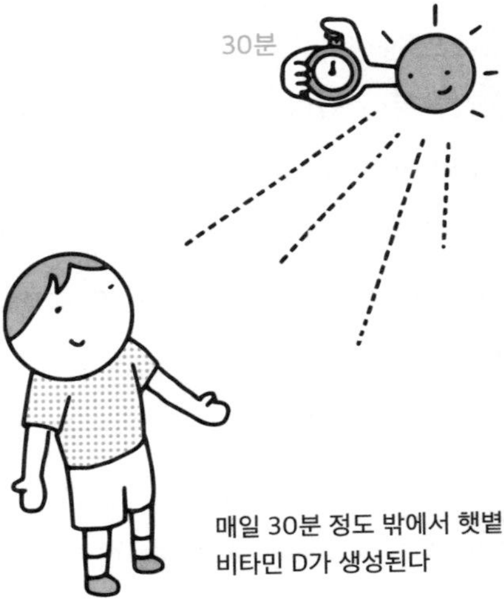

매일 30분 정도 밖에서 햇볕을 쬐면
비타민 D가 생성된다

■ 충분한 수면을 취하게 하자

수면 부족도 면역력을 떨어뜨린다. 와세다대학Waseda University 인간과학부 마에하시 아키라前橋明 교수는 몸을 많이 움직여 수면 리듬을 잡으면 자율신경 기능이 좋아져 저체온 등 체온 이상이 감소한다고 강조한다. 아이들에게 야외활동과 수면을 충분히 취하게 하면 체온이 안정되어 자연스럽게 면역력이 높아진다.

METHOD 97

몸 움직이기

- 잘 다치지 않는 몸을 만든다

요즘은 그리 높지 않은 곳에서 뛰어내리다 발목이 골절되거나 뜀틀을 넘다 삐끗해 양 손목이 골절되는 등 사소한 일로 골절상을 입는 아이가 늘고 있다. 뼈를 튼튼하게 만들려면 뼈에 자극을 가하는 운동을 하는 방법이 가장 좋다.

일본에서 골절 연구로 유명한 교토부립 의과대학Kyoto Prefectural University of Medicine 야스다 이와오保田 岩夫 교수의 연구 결과 뼈에 자극을 가해 생기는 진동으로 마이너스 전기가 발생하는데, 이 전기가 칼슘을 끌어모아 뼈에 침착되어 뼈세포를 활발하게 만드는 것으로 나타났다. 뼈에 자극을 가하는 운동은 평소 놀이나 운동에서 흔히 하는 동작인 달리기, 뛰기, 세게 밟기 등이다.

■ 몸 전체를 골고루 쓰게 하자

운동을 열심히 하는 아이 중에는 특정 부위에 필요 이상의 부담을 주어 기능 장애가 발생하는 경우도 있다. 한 가지 운동만 하면 항상 쓰는 부위만 쓰게 되어 몸 전체의 유연성과 균형이 깨지게 된다. 뼈가 성장 중인 아이들에게는 평소 움직임에 변화를 주어 무리하지 않고 몸을 골고루 쓰게 하는 것이 중요하다.

체력

효과적으로 '몸'을 움직이는 방법은 무엇일까?

■ 운동은 매일 1시간 정도가 적당하니 무리하지 말자

유아부터 중학생까지는 매일 1시간 정도 밖에서 놀거나 운동하는 것이 가장 좋다. 더 운동하고 싶어 할 때도 2시간이 넘지 않도록 하고 오래 운동한 다음 날은 충분히 쉬게 한다. 예를 들어 매일 야구 시합을 하며 계속 공을 던지면 뼈가 성장해야 하는 시기에 무리가 와서 뼈가 상할 수 있다.

■ 통증이 계속되면 전문의를 찾자

통증이 1주일 이상 계속되는 등 증상이 있으면 전문의에게 진찰을 받는다. 빨리 치료할수록 빨리 낫기 때문이다.

■ 동물 포즈로 체조해보자

물리치료사 그룹 '키즈 프로젝트'팀이 감수한 '뼈 튼튼 체조'는 동물 흉내 내기 놀이를 하면서 뼈에 자극을 주는 체조이다. 하마와키浜脇 정형외과 재활센터장 무라세 마사아키村瀬 正昭 의사는 동물 흉내를 내면서 강한 근육과 뼈를 만드는 뼈 튼튼 체조는 체조 전 전신 스트레칭을 충분히 하는 웜업과 체조 후 쿨다운도 반드시 세트로 하는 것이 포인트라며, 뼈 튼튼 체조를 포함해 가능한 매일 1시간 정도 몸을 움직이는 일이 성장기 아이들에게는 매우 중요하다고 조언한다.

뼈를 키우는 '뼈 튼튼 체조'

준비체조

●기린 포즈

양팔을 위로 쭉 뻗으면서 목을 앞뒤 좌우로 흔들흔들 움직인다. 목을 풀어 움직이는 범위를 넓힌다.

●고양이 포즈

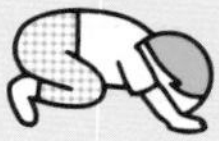

등 쪽으로 숨을 들이마시면서 등을 둥그렇게 만다.

숨을 뱉으면서 체간(척추동물의 몸 가운데 중축을 이루는 부분)을 쓴다는 느낌으로 등을 뒤로 젖힌다.

●개구리 폴짝

쭈그리고 앉아 개구리처럼 손을 바닥에 대고 움츠려 힘을 모은다.

다리의 반동을 이용해 가능한 한 멀리 뛴다.

포인트

쭈그리고 앉은 곳에서 한 번에 힘을 폭발시켜 뛰어오른다. 착지 충격이 뼈를 깨우고 다리와 허리 근육뿐 아니라 체간도 단련된다.

●밤비의 번갈아 앞으로 뛰기

양손을 허리에 대고 오른발로 앞으로 폴짝 뛴다.

바로 왼발을 내밀어 같은 방법으로 폴짝 뛴다.

이렇게 밤비가 된 기분으로 오른발 점프 왼발 점프를 번갈아 하며 리듬에 맞추어 뛰면서 앞으로 나아간다.

포인트

번갈아 앞으로 뛰기가 안 될 때는 제자리에서 한 발씩 점프만 해도 ok. 리듬에 맞추어 기분 좋게 전해지는 충격이 온몸의 뼈에 좋은 자극을 준다.

●코끼리 걸음 걷기

사바나를 걷는 코끼리가 된 기분으로 다리를 넓게 벌리고 천천히 쿵쿵 앞으로 나간다.

포인트
스모선수가 경기 시작 직전에 하는 준비 운동과 같은 요령으로 한다. 균형 잡기가 어려우니 처음에는 다리를 낮게 올렸다가 점점 높이를 올린다.

●목도리도마뱀의 사냥과 위협

목도리 도마뱀이 맛있는 개미를 찾는 느낌으로 최대한 웅크린다.

천적인 고양이를 만나 양손 양발을 활짝 펼쳐 위협하듯 점프한다.

포인트
순발력을 발휘해 점프할 것! 목도리를 크게 펼치는 느낌으로 최대한 손발을 크게 벌리자.

●캥거루의 하이 점핑

두 발을 붙이고 앞 - 뒤 - 왼쪽 - 오른쪽 순으로 콩콩 뛰면서 자유롭게 돌아다닌다. 착지할 때는 무릎을 가볍게 굽혀 반동을 준다.

포인트
가느다란 앞다리와 두껍고 튼튼한 뒷다리를 가진 캥거루가 된 느낌으로 살짝 뛰었다가 크게 뛰는 등 변화를 즐긴다.

METHOD 98

운동하기

- 다양한 운동을 부담 없이 즐기게 한다

밖에서 노는 시간이나 장소가 줄어들면서 아이들의 체력 저하를 우려하는 목소리도 있지만, 어릴 때부터 프로를 꿈꾸며 스포츠에 매진하는 아이도 많다. 세계를 무대로 다양한 경기에서 활약하는 꿈을 키우는 아이도 많을 것이다.

그래서인지 같은 동작 반복이 주원인인 과사용overuse 으로 뼈와 근육, 인대 등을 다치는 '스포츠 장애' 역시 문제가 되고 있다. 어린이 스포츠 장애 전문가인 무라세 마사아키 의사는 아이들의 뼈 강도는 70~80세 고령자와 비슷하고 초등학교 저학년은 근육도 더 약하기 때문에 어른보다 주의가 필요하다고 강조한다.

또한 성장기의 뼈에는 뼈를 길게 키우는 데 중요한 '성장 연골'이라는 것이 있는데, 이 말랑말랑한 뼈 층에 과도한 연습으로 반복적인 부담을 주면 장애가 생길 수 있다고도 말했다.

염증이 생기거나 뼈가 벗겨지거나 부러지는 경우도 있다. 적절한 치료가 늦어지면 그대로 굳어 회복이 안 돼 어른이 되어서도 통증으로 고통받는 사람들도 있다. 특히 키가 자라는 시기에는 뼈가 아직 말랑말랑하기 때문에 부상을 예방하기 위해서는 부담이 큰 무리한 연습은 하지 않는 것이 중요하다.

'운동'할 때 주의할 점은 무엇일까?

■ 다양한 운동을 즐기게 하자

유럽이나 미국에서는 아이들에게 야구, 축구, 농구 등 계절에 따라 운동을 바꾸는 '멀티 스포츠'가 자리 잡았다. 다양한 종목을 경험하면 숨겨진 가능성을 발굴할 기회가 늘어날 뿐 아니라 몸의 여러 부위를 사용함으로써 균형 잡힌 몸을 만들 수 있다는 멀티 스포츠의 장점이 주목받았기 때문이다. 메이저리그에서 활약 중인 오타니 쇼헤이大谷 翔平 선수는 초등학교 시절에 야구뿐 아니라 수영도 배웠던 게 관절의 유연성에 도움이 됐다고 한다.

멀티 스포츠로 몸을 골고루 쓰게 한다

■ 과사용에 주의하자

무라세 의사는 과사용을 막기 위해 매일 다른 동작을 할 것을 추천한다. 예를 들어 야구를 하는 아이가 오늘 열심히 달렸으면 다음 날은 스윙 연습으로 상반신을 사용 혹은 다른 포지션을 맡거나 타석도 오른쪽 왼쪽 골고루 해보는 것이다.

■ 운동 전후로 스트레칭은 꼭 하게 하자

성장기에 있는 말랑말랑한 뼈를 지키고 근육과 인대 등의 힘줄이 다치지 않기 위해서는 운동 전과 후에 반드시 스트레칭을 하게 한다. 운동 전에 국민체조를 하면 근육이 따뜻해져 몸이 유연해지고 혈행도 좋아진다. 운동 후에는 지친 근육에 젖산 등 피로물질이 쌓이기 때문에 심호흡을 하면서 스트레칭을 해 천천히 쿨다운 시킨다.

■ 근육 염증에는 냉찜질을 하자

근육의 염증을 가라앉혀 빠르게 회복시키는 데는 냉찜질이 효과적이다. 염증과 부상을 진정시키는 방법으로 'RICE'라 불리는 처치법이 유명하다.

먼저 안정을 취하고Rest 얼음으로 환부를 차갑게Ice 식힌다.부었을 때는 가볍게 압박해Compression 붕대를 감은 다음 20분 정도 환부를 심장보다 높게 둔다Elevation. RICE는 접질리거나 타박상을 입었을 때 응급처치로도 좋다.

METHOD 99

씹는 힘 키우기

- 잘 씹으면 몸도 머리도 강해진다

일본은 전 세계에서 아이들의 충치율이 낮은 나라 중 하나이다. 1960년대 중반에서 1970년대 중반 사이에는 아이 중 90% 이상이 충치가 있었지만, 지금은 충치가 없는 아이가 많아졌고 초등학생은 충치율이 45%로 사상 최저치를 기록하고 있다.

반면 빨리 먹을 수 있는 부드러운 음식 위주의 식생활이다 보니 제대로 씹지 못하는 아이가 늘어나고 있다. 꼭꼭 씹으면 뇌의 혈류가 증가하기 때문에 뇌가 활성화되어 기억력이 좋아져 학습 효과를 올리는 데도 도움이 된다.

소아치과 의사인 마스다 준이치增田 純一 씨에 의하면 씹는 힘이 약한 아이는 입 주변 근육과 턱이 약해 평소 입을 살짝 벌리고 있다고 한다. 이렇게 되면 입으로 호흡하기 때문에 목이 건조해져 바이러스나 세균에 감염되기 쉽고 편도선이 항상 부어 있어 면역력도 떨어진다. 입술도 건조해져 트거나 피가 나기도 하고 치육염이나 구취의 원인이 되기도 한다.

씹는 힘이 생기면 입 주변 근육이 단련되어 항상 입을 다물고 코로 호흡하기 때문에 감기에 잘 걸리지 않는다. 씹는 힘은 뇌의 활성화뿐 아니라 몸 전체의 건강에도 영향을 미치는 것이다.

'씹는 힘'을 키우려면 어떻게 해야 할까?

■ 아이우베 체조를 하자

씹을 때 필요한 근육을 단련하기 위해 이마이 가즈아키今井 一彰 의사가 고안한 '아이우베 체조' 트레이닝법을 소개한다.

① "아~" 하고 입을 크게 벌린다
② "이~" 하고 입을 크게 옆으로 벌린다
③ "우~" 하고 입술을 앞으로 쭉 내민다
④ "베~" 하고 혀를 내밀어 밑으로 쭉 당긴다

이마이 의사는 이 체조를 식전 10번씩, 하루 총 30번 권한다. 소리는 내든 안 내든 상관없고, 한 번씩 천천히 하면 입 주변 근육과 혀 근육이 단련되어 면역기능이 향상된다고 한다.

아이우베 체조법

■ 입 안은 항상 청결하게 유지하자

충치가 생겨 신경이 파괴되면 씹는 힘이 약해질 뿐 아니라 뇌로 가는 신경도 끊기기 때문에 뇌의 성장에도 좋지 않은 영향을 준다. 꼭꼭 잘 씹기 위해서는 충치가 생기지 않도록 입 안을 항상 청결하게 해야 한다. 충치는 잘 때 가장 많이 생긴다. 자기 전에 구석구석 이를 잘 닦으면 자는 동안 이가 깨끗하게 유지되어 충치를 예방할 수 있다.

아침에 일어나 바로 입 안을 잘 헹구는 것도 충치 예방에 도움이 된다. 식사 후 매번 이를 닦지 못하더라도 잠자리에서 일어나 바로 입 안을 헹구고 자기 전에 구석구석 이를 잘 닦는 것만큼은 아이에게 꼭 습관을 들여 주자.

■ 30번 씹자

일본 후생노동성은 씹는 힘은 생활습관병을 예방하고 건강에도 효과가 있다고 강조하면서 '30번 씹기'를 권장하고 있다.

■ 껌을 씹자

마스다 의사에 의하면 어린이들이 치과의사의 지도하에 어금니로 껌 씹는 훈련을 한 결과 씹는 힘이 2배가 된 사례가 있다고 한다. 그러니 아이가 껌을 씹을 때는 양쪽 어금니로 번갈아 씹게 지도한다. 껌은 자일리톨(충치가 잘 생기지 않는 감미료)이 90% 이상 함유된 것을 고른다.

METHOD 100

눈 보호하기

- 스마트폰 시대에 맞춘 케어를 한다

일본 문부과학성이 실시한 '학교 보건통계조사(2018년도)'에 따르면 맨눈 시력(안경이나 콘택트렌즈 등을 착용하지 않고 측정한 시력) 1.0 미만인 아이의 비율은 유치원생 26.68%, 초등학생 34.10%로 초등학생은 사상 최고치를 기록했다.

맨눈 시력 0.3 미만은 초등학생 10% 미만, 고등학생은 약 40%에 달해 초등학생과 고등학생 모두 사상 최고치를 기록했다.

근시는 유전의 영향도 있지만 실외활동이 줄고 실내에서 전자기기를 사용하는 시간이 늘어난 것도 큰 요인으로 꼽히고 있다. 전자기기가 발산하는 블루라이트는 망막에 도달할수록 에너지가 강해져 가까이 볼수록 노출량이 많아진다.

특히 아이의 눈은 초점을 맞추는 조정 능력이 강하고 눈으로 들어오는 빛의 양도 어른과 비교했을 때 몇 배는 많아 전자기기에서 나오는 블루라이트의 영향을 받기 쉽다.

어른은 1분에 15~20번 정도 눈을 깜빡이지만 아이는 각막을 덮고 있는 눈물막이 안정적이어서 2~3분 동안 눈을 깜빡이지 않고도 화면을 계속 볼 수 있다. 이렇게 장시간 화면을 보면 눈이 충혈되고 건조로 인한 각막 장애가 생길 수 있다.

이제 초등학교에서도 프로그래밍 수업이 필수교육이 됐고 전자 칠판, 태블릿PC가 도입되고 있어 PC와 태블릿PC 사용 시간이 앞으로 더 늘어날 것으로 예상되기에 눈 건강을 지키기 위한 케어가 필요한 상황이다.

'눈'을 보호하려면 어떻게 해야 할까?

■ 하루 30분 정도는 밖에서 놀게 하자

블루라이트 연구의 일인자이자 안과의사인 게이오기주쿠대학Keio University 의학부 아야키 마사히코綾木 雅彦 특임 준교수는 햇빛에서 나오는 바이올렛라이트에는 근시의 진행을 억제하는 효과가 있다며 바깥에서 놀며 햇빛을 쬘 것을 추천한다. 아이들의 근시 진행이 전 세계적으로도 문제가 되자 싱가포르에서는 아이들의 눈 케어 대책으로 하루 30분 실외활동을 권장하고 있다.

■ 스크린에서 떨어져 앉게 하자

블루라이트의 영향은 전자기기와 눈과의 거리의 2제곱에 반비례한다고 한다. 즉 2cm와 2m를 비교했을 때 2cm에서는 2m일 때의 '100배'나 큰 영향을 받는다는 이야기이다. TV를 볼 때는 대부분 1m 이상 떨어져서 보기 때문에 영향이 크지 않지만, 얼굴에서 약 20cm 거리를 두고 사용하는 스마트폰이나 40~50cm 거리에서 사용하는 노트북 혹은 태블릿PC는 블루라이트의 영향이 더 커진다.

그러니 노트북이나 태블릿PC를 장시간 사용할 때는 모니터에 연결해보자. 화면과의 거리가 60~70cm까지 벌어지기 때문에 블루라이트의 영향을 줄일 수 있다.

■ 20분마다 눈을 쉬게 하자

미국 안과학회는 '20-20-20 룰'을 권장한다. '20분'마다 '20피트(약 6m)'이상 떨어진 곳을 '20초' 이상 보면서 눈을 쉬게 하라는 룰로 20분 동안 스크린을 보았다면 먼 곳을 바라보거나 눈을 감아 긴장된 눈을 쉬게 하자.

20분마다 20피트(약 6m) 이상 떨어진 곳을
20초 이상 바라보게 하자.

체력

교육자이자 종교인 와타나베 가즈코 수녀의 『당신이 선 자리에서 꽃을 피우세요』(작은씨앗 | 2012.11.20.)라는 책에 다음과 같은 글귀가 있다.

살다 보면 아무리 애를 써도
꽃을 피우지 못할 때가 있을 것입니다.

비바람이 거세게 몰아치거나
연일 내리쬐는 강렬한 햇볕 때문에
꽃을 피울 수 없을 때는
무리하게 꽃을 피우려 애쓰지 말고,
땅속 깊이 뿌리를 내리세요.

다음에 피울 꽃이 더욱
탐스럽고 아름답도록 준비하는 것입니다.

아이들을 꽃에 비유하면 훌륭하고 아름다운 커다란 꽃을 일찌감치 피우는 아이도 있고 봉오리조차 쉽게 달리지 않는 아이들도 있다. 그럼 우리 어른들은 무심코 큰 꽃송이와 비교하면서 초조해하거나 낙담하고는 한다.

'우리 아이의 꽃은 언제 피는 거지?'

아이들을 키우다 보면 뜻대로 되지 않는다고 느낄 때가 많을 것이다. 하지만 그러는 동안에도 아이들은 분명 땅속 깊이 뿌리를 내리고 있을 것이다.

400쪽의 지면을 할애해 수많은 구체적인 방법을 소개했다. 이는 우리 아이들이 꽃을 피울 수 있도록 부모가 줄 수 있는 물이요 비료요 지지대일 것이다. 아이가 받아들이는 타이밍이나 양, 활용하는 방식까지 부모 마음대로 조절할 수는 없다. 아이가 피우는 꽃은 다 제각각이기 때문이다.

그러니 아직 아이의 꽃봉오리가 피지 않는다고 당황하거나 초조해하지 말자. 내 아이만이 피울 수 있는 꽃을 피우기 위해 땅속 깊이 뿌리를 내리려는 아이의 힘을 믿어보자.

자녀교육 정보가 넘쳐나는 세상에서 믿는다는 것 자체가 어려워진 요즘, 부모님들이 아이를 키우면서 아이가 가진 힘을 믿는 계기가 되길 희망한다.

하버드·스탠퍼드·시카고대학교 세계 최고 석학들이 추천하는

자녀교육 베스트100

초판 1쇄 발행 2021년 6월 9일
초판 5쇄 발행 2021년 11월 11일

지은이 가토 노리코
옮긴이 윤지나

대표 장선희 **총괄** 이영철
책임편집 이소정 **기획편집** 정시아, 한이슬, 현미나
마케팅 최의범, 강주영, 이정태 **경영지원** 이현미
디자인 김효숙, 최아영 **외주디자인** 이창욱

펴낸곳 서사원 **출판등록** 제2018-000296호
주소 서울특별시 영등포구 당산로54길 11, 상가 301호
전화 02-898-8778 **팩스** 02-6008-1673
이메일 cr@seosawon.com
블로그 blog.naver.com/seosawon
페이스북 www.facebook.com/seosawon
인스타그램 www.instagram.com/seosawon

ISBN 979-11-90179-79-9 13590